西电科技专著系列丛书

U0170228

天线机电热耦合：ANSYS 建模与仿真

薛 松　陈金虎　王 艳　严粤飞　王从思　编著

西安电子科技大学出版社

内 容 简 介

本书是关于天线结构 ANSYS 建模与仿真方面的专著。本书基于天线机电热耦合理论，从多学科联合仿真计算和软件二次开发的角度，详细介绍了天线机电热耦合设计与分析中涉及的天线结构几何建模、有限元建模、载荷施加、边界条件设定、求解、云图显示、结果数据提取、基于 APDL 的软件二次开发等内容，并通过相应的实际应用命令流演示了天线结构 ANSYS 建模与仿真过程中的关键操作流程。

本书内容综合性和实用性强，全面覆盖了天线机电热耦合仿真分析中所涉及的 ANSYS 建模与仿真的前处理与建模技术、加载与仿真求解技术、结果后处理技术、批处理技术等内容，可以作为天线结构设计人员的工具书，也可供从事相关科技研究的人员、高等学校相关专业的高年级学生和研究生参考。

图书在版编目(CIP)数据

天线机电热耦合：ANSYS 建模与仿真/薛松等编著. —西安：
西安电子科技大学出版社，2021.7
ISBN 978 - 7 - 5606 - 5920 - 6

Ⅰ. ①天… Ⅱ. ①薛… Ⅲ. ①天线耦合器—计算机仿真—系统建模—应用软件 Ⅳ. ①TN820.8

中国版本图书馆 CIP 数据核字(2021)第 050448 号

策划编辑 马乐惠
责任编辑 董 静 马乐惠
出版发行 西安电子科技大学出版社(西安市太白南路 2 号)
电 话 (029)88242885 88201467 邮 编 710071
网 址 www.xduph.com 电子邮箱 xdupfxb001@163.com
经 销 新华书店
印刷单位 西安日报社印务中心
版 次 2021 年 7 月第 1 版 2021 年 7 月第 1 次印刷
开 本 787 毫米×960 毫米 1/16 印张 11.5
字 数 201 千字
印 数 1~1000 册
定 价 32.00 元
ISBN 978 - 7 - 5606 - 5920 - 6/TN

XDUP 6222001 - 1

前　　言

天线作为机、电、热等多学科相结合的复杂电子装备系统，广泛应用于通信、导航、射电、国防等众多领域。在实际服役环境中，各种复杂的载荷工况（如风载荷、热冲击载荷、路面崎岖不平导致的随机振动载荷、过载载荷、极端温度载荷等）会导致天线产生变形，从而影响天线的电性能，严重时还可能破坏天线结构，因此在天线研制过程中，必须对其进行结构有限元分析、校核及电性能评估。

传统天线机、电、热分离式的结构校核带来的第一个问题是过高的电性能指标对天线机械结构提出的精度要求过高，当下的生产条件难以实现那么高的制造装配精度；第二个问题是有时会存在按照精度要求制造的天线结构并不能完全满足天线电性能要求，而未达到制造精度要求的天线结构又有可能满足天线电性能要求的现象。因此，为减少天线研究开发成本、缩短研制周期，考虑多场之间的耦合作用，进行基于天线机电热耦合理论的结构校核已成为高性能多功能天线研制的迫切需求。

ANSYS 作为大型通用且有效的有限元分析软件之一，拥有全球最大的用户群，已广泛应用于机械、电子、土木工程、地矿、水利、航空航天、医学、国防军工、汽车交通等众多领域，在不断发展中被全球工业界所接受。它集结构、流体、电磁场、声场和耦合场等多种分析于一体，其强大的功能、可靠的质量、灵活高效的命令流、强大的二次开发功能可满足广大 CAE 用户的使用需求，可作为设计人员进行结构有限元仿真时的首选通用程序。

不同于以往的 ANSYS 有限元分析书籍，本书以实际工程为依托，以高频段天线为对象，以天线机电热耦合理论为基础，介绍天线机电热耦合分析中 ANSYS 建模与仿真的重要内容，可使实际天线设计人员或相关的工程技术人员系统地掌握天线机电热耦合分析中 ANSYS 建模与仿真所涉及的前处理、加载与仿真、结果后处理及相应的关键技术，从而满足实际工程应用需求，加快天线研制周期，降低天线研制成本，提高天线研发质量，提升天线创新水平。同时本书给出了相应的命令流文件，读者在实际的使用中只需修改部分程序便可直接将之应用于工程天线模型的仿真分析与结果后处理中，具有很好的开放性和便利性。

本书是作者在多年天线机电热耦合研究、结构有限元仿真以及天线结构工程设计的实践经验基础上整理、总结而成的。在进行该方向的长期研究工作及本书成稿过程中，西安电子科技大学段宝岩院士，仇原鹰、朱敏波、陈光达、邵晓东、保宏、杜敬利、曹鸿钧、郑飞、马洪波等老师从不同方面给予了理论指导和帮助。同时，也得到了中国电子科技集团公司第十四研究所的平丽浩导师、张光义院士、曾锐、钱吉裕、徐德好、郭先松、胡长明、唐宝富、钟剑锋等，中国电子科技集团公司第三十八研究所的程辉明、王璐、李明荣、王志海、闵志先、于坤鹏、时海涛等，中国电子科技集团公司第三十九研究所的周生怀、沈泉、毛佩锋、段玉虎、李红卫、赵武林、张萍、唐积刚、任文龙等，中国电子科技集团公司第五十四研究所的郑元鹏、杜彪、刘国玺、伍洋等，中国兵器工业集团第二〇六研究所的王克军、王飞朝等，中国空间技术研究院西安分院的周澄、马小飞、刘菁、张乐等，美国加州大学伯克利分校(UCB)的 Lin Liwei 教授，澳大利亚新南威尔士大学(UNSW)的 Gao Wei 教授等的支持与帮助，在此表示深切谢意！

　　在本书编写过程中，作者实验室的全体博士和硕士研究生在书稿整理、图表绘作、程序编制、数据收集等方面都给予了大力帮助，在此一并表示感谢。

　　由于水平和能力有限，加之编写时间紧，书中难免存在不足之处，真诚希望广大读者批评指正。

作　者

2021 年 5 月

目　　录

第 1 章　　有限元法与天线机电热耦合概述

　　有限元法是当今工程分析中应用最为广泛的数值计算方法，由于其通用性及有效性，已在工程技术界受到高度重视。对于天线装备的研制而言，传统的结构设计通常是基于样机的迭代设计，成本高且效率低，而利用有限元法及有限元分析软件可很好地避免样机迭代设计存在的弊端。同时，天线作为多学科、多物理场耦合的高端电子装备，传统单一学科或单物理场的分析设计已难以满足高性能天线的研制需求，考虑其机电热耦合的新设计理念对于提高天线的研发质量有重要意义。

1.1　ANSYS 软件简介

　　有限元法（Finite Element Method，FEM）是利用计算机求解数学物理问题的近似数值计算方法，在工程技术领域得到了广泛应用。国际上著名的通用有限元软件有 SAP、ANSYS、ADINA、NASTRAN、ALGOR-FEM 等数十种，ANSYS 作为大型通用且有效的有限元分析软件，集结构、流体、电磁场、声场和耦合场等分析于一体。自 1970 年美国匹兹堡大学力学系教授 John Swanson 博士开发出 ANSYS 以来，经过五十多年的发展，ANSYS 不断改进提高，功能不断增强，目前已发展到 19.2 版本，其用户涵盖了机械制造、石油化工、航空航天、通信、能源、交通运输、土木建筑、水利、国防军工、电子、地矿、生物医学、日用家电、教学科研等众多领域，ANSYS 是这些领域进行分析设计、技术交流的主要平台。作为第一个通过 ISO 9001 质量认证的大型分析设计类软件，经过几十年的提升改进，ANSYS 现已成为国际最流行的有限元分析软件。ANSYS 软件的使用，有助于在产品概念设计阶段就找出其设计中的重要缺陷，从而优化结构设计方案，以此提高产品研制可靠性，缩短产品研发时间，减少实物样机的制造次数，降低研制成本。

　　作为工程技术领域应用广泛的有限元分析软件，ANSYS 可进行多种分析类型的求解。

1. 结构静力学分析

　　结构静力学分析适合求解惯性和阻尼对结构影响并不显著的问题，一般用来求解静力载荷（载荷大小、方向不随时间变化）所引起的位移、应力和力，从而研究结构的强度、刚度和稳定性。ANSYS 不仅可以进行线性的静力分析，也可以进行非线性的静力分析，如大变形、大应变、应力刚化、塑性、蠕变、膨胀、超弹及接触分析等。

2. 结构动力学分析

与静力学分析不同，动力学分析要考虑阻尼和惯性的影响。结构动力学分析通常用来求解随时间变化的载荷对结构或部件的影响。ANSYS 可进行的动力学分析类型有模态分析、谐响应分析、瞬态动力学分析和谱分析。其中，模态分析作为动力学分析的基础，用来确定结构的固有频率和振型；谐响应分析用于确定线性结构对随时间按正弦曲线变化载荷的响应；瞬态动力学分析用于确定结构对随时间任意变化载荷的响应；谱分析是模态分析的扩展，用于计算由于随机振动引起的结构应力和应变。

3. 结构非线性分析

结构非线性会导致结构或部件的响应随外载荷不成比例地变化。ANSYS可求解静态和瞬态非线性问题，包括材料非线性、几何非线性和单元非线性三种。

4. 热力学分析

热力学分析用于分析结构的温度分布以及其他的如热梯度、热流密度等热物理参数，还可处理传导、对流和辐射三种基本类型的热问题。ANSYS 中的热分析可分为稳态热分析、瞬态热分析、热传导热对流热辐射分析、相变分析和热应力分析，其中稳态热分析用于研究稳态热载荷对结构的影响；瞬态热分析用于计算随时间变化的结构的温度场及其他热参数；热传导热对流热辐射分析用于分析结构各部件之间的温度传递；相变分析用于分析相变和内热源；热应力分析用于计算由于结构热胀冷缩引起的应力分布。

5. 电磁场分析

电磁场分析用于电感、电容、磁通量密度、涡流、电场分布、磁力线分布、力、运动效应、电路和能量损失等问题的分析，分为静磁场分析、交变磁场分析、瞬态磁场分析、电场分析和高频电磁场分析。

6. 流体动力学分析

流体动力学分析用于确定流体的流动，分析结果通常为单元节点压力及通过单元的流速，后处理后可查看因流体流动而产生的压力、流速和温度分布云图。流体动力学分析分为CFD-ANSYS/FLOTRAN、声学分析、容器内流体分析和流体动力学耦合分析。

7. 耦合场分析

耦合场分析考虑多个物理场之间的相互作用，当两个物理场之间存在耦合关系时，单独求解单个物理场无法得到正确结果，需将两个物理场组合在一起进行求解方可得到正确结果。ANSYS 中可用的耦合场分析有：热—结构耦合分析、磁—热耦合分析、磁—结构耦合分析、流体—热耦合分析、流体—结构耦合分析、热—点耦合分析等。

1.2　有限元背景及发展历程

有限元法是求解数学物理问题的一种离散化近似数值计算方法，是解决实际工程问题的有效工具，起源于 20 世纪 40 年代至 50 年代的杆系结构矩阵位移法。1956 年，Turner 等人将这一思想加以推广，用来求解弹性力学的平面问题。1960 年，Clough 把这种解决弹性力学问题的方法命名为"有限单元"。此后，有限元法不断发展并逐渐趋于成熟，以其坚实的理论基础、通用性和实用性得到广泛应用，被公认为是最有效的数值计算方法，其详细的诞生及发展历程如图 1.1 所示。

图 1.1　有限元法的诞生及发展历程

有限元法最初被用来研究飞机结构中复杂的应力问题。作为一种将弹性力学理论、计算数学和计算机软件有机地结合在一起的数值分析技术，有限元法具有灵活、快速和有效等特点，这也使得其迅速发展成为求解各领域数学物理问题的通用近似计算方法。有限元法能对实际工程中几何形状不规则、载荷和支承情况复杂的各种结构进行变形计算、应力分析和动态特性分析，这是经典的弹性力学方法所不及的。同时，有限元法不仅能应用于工程中复杂的非线性、非稳健问题(如结构力学、流体力学、热传导、电磁场等方面的问题)的求解，而且能应用于工程设计中复杂结构的静力和动力分析，并能准确计算形状复杂零件(如雷达天线、机架、汽轮机叶片、齿轮等)的应力分布和变形情况，成为复杂零件刚强度计算的有力分析工具。

1.3　弹性力学基本理论

1. 弹性力学的基本概念

弹性力学为有限元法的理论基础，下面对弹性力学的一些基本概念予以介绍。

1) 正应力和切应力

如图 1.2 所示，弹性体内任意一点的应力状态可由 6 个应力分量 σ_x、σ_y、σ_z、τ_{xy}、τ_{yz}、τ_{zx} 来表示，以矩阵形式可表示为

$$\{\sigma\} = \begin{Bmatrix} \sigma_x \\ \sigma_y \\ \sigma_z \\ \tau_{xy} \\ \tau_{yz} \\ \tau_{zx} \end{Bmatrix} = \begin{bmatrix} \sigma_x, \sigma_y, \sigma_z, \tau_{xy}, \tau_{yz}, \tau_{zx} \end{bmatrix}^{\mathrm{T}} \tag{1-1}$$

式中，σ_x、σ_y、σ_z 为 x、y、z 三个轴方向的正应力，τ_{xy}、τ_{yz}、τ_{zx}（其中，下标第一个符号表示切应力对应的截面法线方向，第二个符号表示切应力方向）为 x、y、z 三个轴方向的切应力。

2) 正应变和切应变

弹性体在载荷作用下会产生位移和形变(即弹性体位置移动和形状改变)，其内部任意一点的位移可表示为

$$\{U\} = \begin{Bmatrix} u \\ v \\ w \end{Bmatrix} = \begin{bmatrix} u, v, w \end{bmatrix}^{\mathrm{T}} \tag{1-2}$$

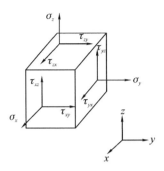

图 1.2　弹性体受力后的应力分布

式中，u、v、w 为沿直角坐标系 x、y、z 三个轴方向的位移分量。

弹性体内任意一点的应变可由 6 个应变分量 ε_x、ε_y、ε_z、γ_{xy}、γ_{yz}、γ_{zx} 来表示，以矩阵形式可表示为

$$\{\varepsilon\} = \begin{Bmatrix} \varepsilon_x \\ \varepsilon_y \\ \varepsilon_z \\ \gamma_{xy} \\ \gamma_{yz} \\ \gamma_{zx} \end{Bmatrix} = [\varepsilon_x, \varepsilon_y, \varepsilon_z, \gamma_{xy}, \gamma_{yz}, \gamma_{zx}]^{\mathrm{T}} \tag{1-3}$$

式中，ε_x、ε_y、ε_z 为正应变，γ_{xy}、γ_{yz}、γ_{zx}（其中，下标第一个符号表示切应变对应的截面法线方向，第二个符号表示切应变方向）为切应变。

式 (1-3) 中，$\varepsilon_x = \dfrac{\partial u}{\partial x}$，$\varepsilon_y = \dfrac{\partial v}{\partial y}$，$\varepsilon_z = \dfrac{\partial w}{\partial z}$，$\gamma_{xy} = \dfrac{\partial u}{\partial y} + \dfrac{\partial v}{\partial x}$，$\gamma_{yz} = \dfrac{\partial v}{\partial z} + \dfrac{\partial w}{\partial y}$，$\gamma_{zx} = \dfrac{\partial w}{\partial x} + \dfrac{\partial u}{\partial z}$。

2. 弹性力学的三个基本方程

对于三维结构问题，弹性力学的三个基本方程如下：

(1) 几何方程（应变—位移关系）。几何方程用于描述弹性体在载荷作用下产生的应变与位移的关系，如下式：

$$\{\varepsilon\} = [L]\{U\} \tag{1-4}$$

式中，$\{U\}$ 为位移分量，$[L]$ 为微分算子。$[L]$ 具体如下：

$$[L] = \begin{bmatrix} \dfrac{\partial}{\partial x} & 0 & 0 & \dfrac{\partial}{\partial y} & 0 & \dfrac{\partial}{\partial z} \\[2ex] 0 & \dfrac{\partial}{\partial y} & 0 & \dfrac{\partial}{\partial x} & \dfrac{\partial}{\partial z} & 0 \\[2ex] 0 & 0 & \dfrac{\partial}{\partial z} & 0 & \dfrac{\partial}{\partial y} & \dfrac{\partial}{\partial x} \end{bmatrix}^{\mathrm{T}} \tag{1-5}$$

（2）本构方程（应力—应变关系）。本构方程用来描述弹性体在载荷作用下产生的应力与应变的关系。对于各向同性的线弹性材料，其满足广义胡克定律，如下式：

$$\begin{cases} \varepsilon_x = \dfrac{1}{E}\big[\sigma_x - \mu(\sigma_y + \sigma_z)\big], \gamma_{xy} = \dfrac{1}{G}\tau_{xy} \\[2mm] \varepsilon_y = \dfrac{1}{E}\big[\sigma_y - \mu(\sigma_z + \sigma_x)\big], \gamma_{yz} = \dfrac{1}{G}\tau_{yz} \\[2mm] \varepsilon_z = \dfrac{1}{E}\big[\sigma_z - \mu(\sigma_x + \sigma_y)\big], \gamma_{zx} = \dfrac{1}{G}\tau_{zx} \end{cases} \tag{1-6}$$

式中，E 为材料的弹性模量，μ 为材料的泊松比，G 为材料的剪切模量。三者之间的关系如下：

$$G = \frac{E}{2(1+\mu)} \tag{1-7}$$

式（1-6）表示成矩阵形式如下：

$$\{\sigma\} = [D]\{\varepsilon\} \tag{1-8}$$

式中，$[D]$ 为弹性矩阵，取决于弹性体材料的弹性模量 E 和泊松比 μ。$[D]$ 表达式如下：

$$[D] = \frac{E}{(1+\mu)(1-2\mu)}$$

$$= \begin{bmatrix} 1-\mu & \mu & \mu & 0 & 0 & 0 \\ \mu & 1-\mu & \mu & 0 & 0 & 0 \\ \mu & \mu & 1-\mu & 0 & 0 & 0 \\ 0 & 0 & 0 & \dfrac{1-2\mu}{2} & 0 & 0 \\ 0 & 0 & 0 & 0 & \dfrac{1-2\mu}{2} & 0 \\ 0 & 0 & 0 & 0 & 0 & \dfrac{1-2\mu}{2} \end{bmatrix} \tag{1-9}$$

（3）平衡方程。对于弹性体微元体，其平衡方程如下：

$$\begin{cases} \dfrac{\partial \sigma_x}{\partial x} + \dfrac{\partial \tau_{xy}}{\partial y} + \dfrac{\partial \tau_{zx}}{\partial z} + \overline{f_{bx}} = \rho\ddot{u} \\[2mm] \dfrac{\partial \tau_{xy}}{\partial x} + \dfrac{\partial \sigma_y}{\partial y} + \dfrac{\partial \tau_{yz}}{\partial z} + \overline{f_{by}} = \rho\ddot{v} \\[2mm] \dfrac{\partial \tau_{zx}}{\partial x} + \dfrac{\partial \tau_{yz}}{\partial y} + \dfrac{\partial \sigma_z}{\partial z} + \overline{f_{bz}} = \rho\ddot{w} \end{cases} \tag{1-10}$$

式中，$\overline{f_{bx}}$、$\overline{f_{by}}$、$\overline{f_{bz}}$ 为单元体积的体积力在 x、y、z 轴方向的分量，$\rho\ddot{u}$、$\rho\ddot{v}$、$\rho\ddot{w}$ 为微元体在 x、y、z 轴方向所受的惯性力。式(1-10)写成矩阵形式如下：

$$[L]^{\mathrm{T}}\{\sigma\}+\{\overline{f_b}\}=\rho\{\ddot{U}\} \tag{1-11}$$

对于实际的结构力学问题，当求解对象为静力学问题时，$\rho\{\ddot{U}\}$ 为 0；当求解对象为动力学问题时，$\rho\{\ddot{U}\}$ 不为 0。

1.4 有限元法求解基本原理

有限元法的基本思想是将连续体离散为有限个、通过节点相互连接在一起的单元集合体，利用单元集合体近似原来的数学物理求解域。随着单元尺寸减小、单元数目增多，近似解便趋近于精确解。有限元法常用的求解方法有最小势能原理和虚功原理。

1.4.1 最小势能原理

对于弹性结构，载荷作用于弹性体必然会产生弹性形变，从而会产生弹性势能。根据能量原理，当结构系统的能量最小时其会处于稳定的平衡状态。弹性结构的总势能包括弹性势能和外力势能两部分，假设一弹性结构受体积力 $\boldsymbol{q}$ 和自由边界作用分布力 $\boldsymbol{p}$，则其总势能 Π_p 如下：

$$\Pi_p = E + \Omega = \int_V \left(\frac{1}{2}\boldsymbol{\varepsilon}^{\mathrm{T}}D\boldsymbol{\varepsilon} - \{U\}^{\mathrm{T}}\boldsymbol{q}\right)\mathrm{d}V - \int_{S_\sigma}\{U\}^{\mathrm{T}}\boldsymbol{p}\,\mathrm{d}S \tag{1-12}$$

其中，弹性势能 $E = \int_V\frac{1}{2}\boldsymbol{\varepsilon}^{\mathrm{T}}D\boldsymbol{\varepsilon}\,\mathrm{d}V$，外力势能 $\Omega = -\int_V\{U\}^{\mathrm{T}}\boldsymbol{q}\,\mathrm{d}V - \int_{S_\sigma}\{U\}^{\mathrm{T}}\boldsymbol{p}\,\mathrm{d}S$，$\{U\} = [u,v,w]^{\mathrm{T}}$，$\boldsymbol{q} = [q_x,q_y,q_z]^{\mathrm{T}}$，$\boldsymbol{p} = [p_x,p_y,p_z]^{\mathrm{T}}$。

根据最小势能原理，弹性结构受力以后总势能 Π_p 就是其位移函数 $\{U\}$ 的泛函数，当总势能 Π_p 取得极小值时结构系统便处于平衡状态，故通过求解 $\delta\Pi_p = 0$ 便可得到结构的系统特性。

1.4.2 虚功原理

如果对载荷作用下处于平衡的结构变形体系给一微小的虚位移，那么由外力(或载荷)所做的虚功等于体系各截面所有内力(或应力合力)在微段变形上所做的虚功总和，即 $W_{\mathrm{ext}} = W_{\mathrm{int}}$，其中 W_{ext} 为外力虚功，W_{int} 为内力虚功。虚功原理内容如下：

（1）结构变形体系在外力和约束作用下必须处于平衡状态，若约束消失则约束反力等效为外力。

（2）虚位移是指结构变形体系在满足约束及连续条件下所允许的十分微小的位移，它与结构受力变形后产生的真实位移无关，外力在虚位移上做的功称为虚功。

（3）外力虚功计算公式如下：

$$W_{ext} = \sum_{i=1}^{n} P_i \delta v_i \tag{1-13}$$

式中，P_i 为外力，δv_i 为外力 P_i 对应的虚位移。

（4）内力虚功计算公式分为：

① 直梁弯曲时的内力虚功：

$$W_{int} = \int_l M \frac{\delta M}{EI} dx \tag{1-14}$$

式中，$\frac{\delta M}{EI} dx$ 为虚转角，M 为原平衡力系引起的弯矩。

② 一般弹性体的内力虚功：

$$W_{int} = \int_V \delta \varepsilon^T \sigma dV \tag{1-15}$$

式中，$\delta \varepsilon^T$ 为与虚位移对应的虚应变，σ 为原平衡力系引起的应力。

1.5　有限元法的求解过程

有限元法的基本思想是将连续的求解域划分为有限多个通过节点相互连接的单元集合体，对每个单元用有限多个参数描述其力学特性，从而将整个连续求解域的力学特性等效为这些小单元力学特性的总和，以此建立连续求解域的力平衡关系，得到以节点位移为基本未知量的数学物理方程，结合已知约束和边界条件，求解方程得到系统的特性。根据以上思想，有限元法分析的基本过程如图 1.3 所示，包含结构离散化、单元特性分析与计算、单元组求解方程三个步骤。

1.5.1　结构离散化

结构离散化是利用有限元法分析的第一步，也是有限元法分析的基础，其过程就是将要进行分析的结构连续体离散成有限个单元体，各单元之间通过节点相连接，最终以由有限个节点相连的有限个单元代替原先复杂的结构。结构离散化过程中应注意以下两点：

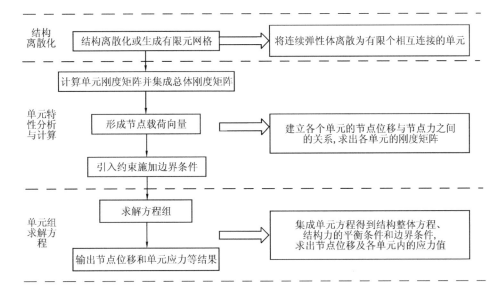

图 1.3　有限元法分析的基本过程

（1）把握离散化单元的疏密程度，根据结构特性选择合适的单元类型；

（2）要充分理解杆、梁、板壳、实体等不同单元类型的数学物理实质，权衡离散化单元规模与分析计算精度之间的利弊。

1.5.2　单元特性分析与计算

结构离散化之后进行单元特性分析与计算，从而建立单元节点位移与节点力之间的关系，求出单元刚度矩阵，包含单元位移插值函数选择和单元力学特性分析两部分内容。

1. 选择位移插值函数

位移插值函数是描述单元体内任意一点位移分布的函数，选择合适的位移插值函数是有限元法分析中的关键，位移插值函数的假设是否合理，直接影响着有限元法分析的精度、效率和可靠性。通常选择多项式作为单元位移插值函数，原因是多项式的数学微分、积分运算比较方便，从泰勒级数展开的角度，任何光滑函数都可以用无限项的泰勒级数多项式来展开，且当单元极限趋于微量时，采用多项式的位移插值即趋近于结构真实位移。对于单元位移插值函数多项式的项数和阶次的确定，则要考虑单元的自由度和解的收敛性要求，插值函数多项式的项数应等于单元的自由度数，其阶次应包括常数项和线性项等。同时，为保证有限元解的收敛性，单元位移插值函数应满足以下要求：

一是协调性，若单元积分方程中出现位移插值函数的最高阶导数是 m 阶，则插值函数在单元交界面应具有 C^{m-1} 阶连续性，即单元位移插值函数在单元交界面应具有直到 $m-1$ 阶的连续函数；

二是完备性，假设单元位移插值函数的最高阶导数是 m 阶，则其必须包含直到 m 阶导数为常数的项，同时插值多项式函数中必须包含常数项以表示结构的刚体位移模式，包含一次项以表示结构的常应变模式。

单元位移插值函数确定后，单元内任意一点的位移可表示如下：

$$\{U\} = [N]\{U\}^e \qquad (1-16)$$

式中，$\{U\}$ 为单元内任意一点的位移列阵；$\{U\}^e$ 为单元节点的位移列阵；$[N]$ 为形函数矩阵，是单元位置坐标的函数。

2. 分析单元力学特性

根据弹性力学基本方程，分析单元力学特性，从而求出各单元刚度矩阵。

（1）利用几何方程（应变位移关系），结合单元内任意一点的位移表达式（1-16），则单元中任意一点应变与单元位移之间关系如下：

$$\{\varepsilon\} = [B]\{U\}^e \qquad (1-17)$$

式中，$\{\varepsilon\}$ 为单元内任意一点的应变；$[B]$ 为几何矩阵，由形函数矩阵 $[N]$ 求导得到。

（2）利用本构方程（应力—应变关系），结合单元中任意一点应变与单元位移之间关系式（1-17），则单元中任意一点的应力如下：

$$\{\sigma\} = [D]\{\varepsilon\} = [D][B]\{U\}^e \qquad (1-18)$$

式中，$\{\sigma\}$ 为单元内任意一点的应力列阵，$[D]$ 为弹性矩阵，$\{\varepsilon\}$ 为单元内任意一点的应变，$[B]$ 为几何矩阵，$\{U\}^e$ 为单元节点的位移列阵。

（3）利用最小势能原理或虚功原理，建立单元节点力与节点位移之间的关系，从而根据单元力学特性分析，求出单元刚度矩阵。

$$\begin{cases} \{f\}^e = [k]^e \{U\}^e \\ [k]^e = \displaystyle\int_V [B]^{\mathrm{T}} [D][B]\mathrm{d}V \end{cases} \qquad (1-19)$$

式中，$\{f\}^e$ 为单元节点力，$[k]^e$ 为单元刚度矩阵，$[D]$ 为弹性矩阵，$[B]$ 为几何矩阵。

（4）结构经过离散化后假定力是通过节点在单元之间相互传递的，而实际的结构中力是通过公共边界传递的，因此作用在单元上的集中力、体积力以及作用在单元边界上的表面力等，都必须等效地移植到节点上，形成等效节点载荷。

1.5.3　单元组求解方程

根据单元特性分析，组合单元方程得到结构整体力平衡方程，结合结构约束和边界条件，进行结构系统特性的求解。

1. 建立结构系统的力平衡方程

根据单元特性分析得到单元刚度矩阵，集合所有单元的刚度矩阵得到结构总体刚度矩阵，从而建立整个结构的力平衡方程，此过程常用的方法是直接刚度法，集合单元方程时应保证所有相邻的单元在公共节点处的位移相等，以满足单元交界处节点的位移连续性。建立结构系统平衡方程：

$$[K]\{U\} = \{F\} \tag{1-20}$$

式中，$[K]$ 为结构总体刚度矩阵，$\{U\}$ 为结构节点位移列阵，$\{F\}$ 为结构节点的等效载荷列阵。

2. 应用约束边界条件

根据建立的结构系统平衡方程，引入结构的约束边界条件，从而消除结构总体刚度的奇异性。

3. 求解节点位移和单元应力

根据结构系统平衡方程，解出结构未知位移，然后通过已求出的节点位移计算出任意一单元或节点处的应力或应变，并加以整理得出所需的结果。

1.6　ANSYS 开发应用与天线机电热耦合

ANSYS 作为大型通用的有限元分析软件，具有强大的二次开发功能，用户可根据实际使用需求对其进行开发，同时用户也可对 ANSYS 界面工具条进行设定以便于自身操作，具有很强的通用性及有效性。天线作为结构位移场、电磁场和温度场三场耦合的复杂电子系统，传统的单物理场分析已难以满足高性能天线的研制需求，基于 ANSYS 仿真的天线机电热耦合分析的新型分析方法对于解决此问题提供了思路与参考。

1.6.1　ANSYS 二次开发技术

ANSYS 软件提供了图形用户界面（Graphical User Interface，GUI）和命令流输入（Batch）两种工作模式，其中 GUI 方式简单易学，但对于复杂模型的修改比较麻烦，相比之下，命令流输入方式具有以下优点：一是修改简单，可减少大量重复性工作，可与用户界面配合使用；二是命令流文件比较小，便于保存和携带；三是文件处理方便；四是不受ANSYS软件的系统操作平台的限制，具有很好的兼容性；五是不受 ANSYS 软件版本的限制。ANSYS 提供了参数化设计语言(ANSYS Parametric Design Language，APDL)，用户界面设计语言(User Interface Design Language，UIDL)以及用户可编程特性(User Programmable Features，UPF)三种二次开发工具，如图 1.4 所示。其中，APDL和 UIDL 为标准使用特性，UPF 为非标准使用特性。

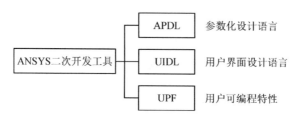

图 1.4　ANSYS 二次开发工具

　　三种二次开发工具中，APDL 是一种基于 Fortran 的脚本语言，通过编写相应的脚本程序可实现整个结构有限元分析和结果后处理的自动化，ANSYS 中的大部分操作都可以通过 APDL 实现，包括参数化建模、单元定义、材料属性定义、边界条件定义、载荷施加、数据后处理等。APDL 命令流方式的特点是可以实现整个结构仿真分析过程的一次性完成，工作效率高，对于相似问题的分析，只要对脚本进行少量的修改就可以重新使用，对于提高工作效率，降低工作成本有重要意义；UIDL 主要用来实现对菜单栏、对话框等ANSYS自定义界面的开发；UPF 使用户能够从源代码级别对 ANSYS 进行功能扩展。ANSYS的三种二次开发工具中，APDL 更为常用也更为方便，通过编写相应脚本，可将 ANSYS 软件的整个仿真分析过程集成到其他的软件平台，通过开发某一产品的虚拟样机软件平台，实现复杂装备多学科多领域之间的协同设计，从而创新产品的研制方式，加快研发进程，提高研发质量。

1.6.2　ANSYS 工具条设定

　　在 ANSYS 的实际使用中，可将一些常用操作以命令按钮的形式添加到 ANSYS 工具条中，从而将需要反复点取菜单来执行的命令通过点击一次 Toolbar 按钮就可以完成，以此方便用户操作，提高工作效率。设定工具条按钮的方法有以下几种，分别为菜单方式、命令行输入方式和修改启动文件"startXXX. ans"方式。其中前两种方式定义的快捷按钮不是永久性的，开始新的分析时需要重新定义，修改启动文件创建的快捷按钮则是永久性的。

1. 菜单方式

通过直接点击 ANSYS 软件菜单 Utility Menu→Macro→Edit Abbreviations 或 Utility Menu→MenuCtrls→Edit Toolbar 进行工具条快捷按钮的新增、删除、修改等操作，编辑操作前后如图 1.5 所示。

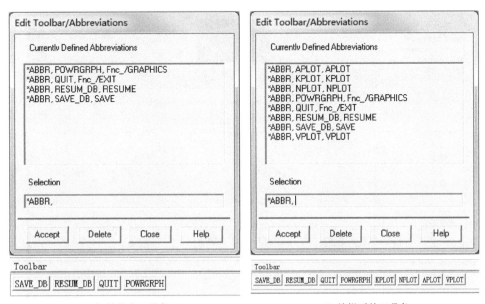

(a) 初始状态工具条　　　　　　　　　　(b) 编辑后的工具条

图 1.5　ANSYS 工具条菜单方式下的编辑

也可将定义的一系列缩略语存于文本文件中保存为 .abbr 格式，然后将 "XXX.abbr" 文件放于 ANSYS 工作目录下，通过 Utility Menu→Macro-Restore Abbr 完成工具条的快速加载，整个过程如图 1.6 所示。

2. 命令行输入方式

直接在 ANSYS 软件界面的命令行中输入 ∗ABBR 命令对工具条进行编辑，输入完成后再执行 Utility Menu→MenuCtrls→Update Toolbar 操作，工具条上便生成相应的快捷键按钮。∗ABBR 使用规则如下：

　　∗**ABBR，Abbr，String**

- Abbr：工具条快捷键按钮名称，其字符个数不超过 8 个。
- String：工具条快捷键按钮所要表示的操作命令。

例如：

　　∗**ABBR，K-ON，/PNUM，KP，1**

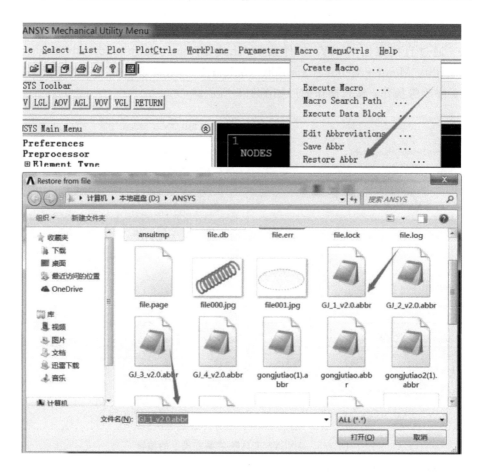

图 1.6　ANSYS 快捷工具条的使用及加载

其添加的快捷键按钮为"K-ON"，代表显示的关键点编号。

3. 修改启动文件"startXXX. ans"方式

启动文件"startXXX. ans"中的"XXX"代表 ANSYS 不同的版本号，如对于 14.0 版本"XXX"为 140，该文件一般在 ANSYS 软件的安装目录下，假如 ANSYS软件安装在 D 盘，则启动文件所在目录为："D:\Program Files\ANSYS Inc\v182\ansys\apdl"(此为ANSYS18.2版本启动文件所在目录，不同版本可能会有一定差别)。找到启动文件后，用 UE 或者 Notepad 等软件将其打开，找到命令 * ABBR, SAVE_DB,SAVE,在该命令后面处加入想要添加的快捷键命令 * ABBR，然后保存文件，重新打开 ANSYS 即可，如图 1.7 所示。

```
67  !*ABBR, SAVE_DB , SAVE
68  !*ABBR, QUIT    , Fnc_/EXIT
69  !*ABBR, RESUM_DB, RESUME
70  !*ABBR, E-CAE,     SIMUTIL
71  !*ABBR, POWRGRPH, Fnc_/GRAPHICS
72  *abbr,KPLOT,kplot
73  *abbr,LPLOT,lplot
74  *abbr,APLOT,aplot
75  *abbr,VPLOT,vplot
76  *abbr,NPLOT,nplot
77  *abbr,EPLOT,eplot
78  *abbr,GPLOT,gplot
79  *abbr,ALLSEL,allsel,all
80  *abbr,ESH-ON,/eshape,1
81  *abbr,ESH-OFF,/eshape,0
82  *Abb,L-ON,/pnum,line,1
83  *Abb,L-OFF,/pnum,line,0
84  *Abb,A-ON,/pnum,area,1
85  *Abb,A-OFF,/pnum,area,0
86  *Abb,V-ON,/pnum,volu,1
87  *Abb,V-OFF,/pnum,volu,0
88  *Abb,N-ON,/pnum,node,1
89  *Abb,N-OFF,/pnum,node,0
```

图 1.7　修改 ANSYS 启动文件方式下的工具条设定

1.6.3　ANSYS 通用性及特点

ANSYS 作为一个功能强大、应用广泛的有限元分析软件，具有以下特点：

1. 具有强大的建模能力

ANSYS 自带二维、三维的建模功能，利用 ANSYS 的 GUI(Graphical User Interface，图形用户界面)和 APDL(ANSYS Parametic Design Language，参数化设计语言)可建立各种复杂的几何模型。

2. 具有强大的求解功能

ANSYS 提供了多种求解器，用户在仿真设计过程中可以根据实际要求选择合适的求解器。

3. 具有强大的非线性分析功能

ANSYS 可进行几何非线性、材料非线性和状态非线性的分析。

4. 具有灵活的网格划分功能

ANSYS 提供了智能网格划分和自定义网格划分两种网格划分工具，用户可根据需求灵活应用。

5. 具有强大的数据统一能力

ANSYS 使用统一的数据库来存储模型数据及求解结果，可实现前处理、求解、后处理以及多场分析数据的统一。

6. 具有良好的优化功能

利用 ANSYS 的优化设计功能，用户可对仿真分析模型进行优化设计，从而确定最优设计方案。

7. 具有良好的用户界面

ANSYS 用户界面各模块功能明确，使用方便。

8. 可进行多场耦合分析

ANSYS 具有多物理场耦合分析功能，可研究各物理场之间的相互影响。

9. 提供了与外部程序数据共享和交换的接口

ANSYS 提供了与多数计算机辅助设计（Computer Aided Design，CAD）软件进行数据共享和交换的接口，如 Creo、NASTRAN、Algor、I-DEAS、AutoCAD、SolidWorks、Parasolid等。

10. 具有良好的用户开发环境

ANSYS 提供了参数化设计语言（ANSYS Parametric Design Language，APDL）、用户界面设计语言（User Interface Design Language，UIDL）以及用户可编程特性（User Programmable Features，UPF）三种开发工具，用户可根据实际需求选用一种进行软件的二次开发。

1.6.4 天线机电热耦合概述

天线作为高度集成化的电子装备，其机械结构和馈电网络异常复杂，结构、热、电磁等方面都会存在种类众多的误差。在讨论天线机电热耦合内涵之前，先对其存在的各种误差进行归类：

（1）按误差来源可分为馈电误差和结构误差。馈电误差包括辐射阵元失效、激励电流幅度和相位误差、器件性能温漂、辐射阵元互耦、数字移相器相位量化误差、阵面二次电源等。结构误差包括两方面，一是天线在制造和安装过程中存在的误差，二是天线服役中环境载荷和温度分布导致的结构变形。需要指出的是，实际应用中结构误差也会引起馈电误差，如馈电阻抗变化、极化方向不一致等。

（2）按误差类型可分为随机误差和系统变形误差。随机误差无法事先预测，如激励电流的幅度和相位随机误差、天线阵元的失效率、天线阵面制造时产生的误差、阵元安装中存在的位置误差等。系统变形误差可以事先预计并严格控制，如辐射阵元互耦、数字移相器相位量化误差、载荷下的天线阵面结构变形、天线罩体烧蚀等。

主要误差归类见表1.1。

表 1.1　天线误差归类

误差来源	误差类型	
	随机误差	系统变形误差
结构误差	天线制造、安装误差	载荷变形（自重、风、振动、热等）
馈电误差	激励电流幅相误差、辐射阵元失效	辐射阵元互耦、T/R 组件性能温漂、器件量化误差、阵面电源

现实工程中存在着温度场、电磁场等多种物理场，这些物理场之间存在相互作用、相互影响的耦合作用，将这种多个学科的物理场或性能参数互相叠加的问题叫作多场耦合问题。因此，将天线中结构、热、电磁之间存在的相互影响、相互制约的耦合关系定义为天线机电热耦合问题。在天线中，普遍存在着电磁场、结构位移场及温度场之间的相互作用与影响（如图1.8）：

（1）结构设计参数的变化影响结构位移场与电磁场；

（2）服役环境影响位移场、温度场，制约着设计参数的优选；

（3）温度场变化直接影响电子器件性能及电磁场；

（4）温度场变化影响位移场，进而影响电磁场；

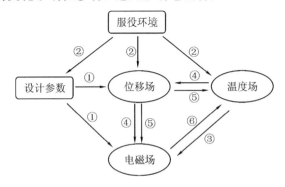

图 1.8　天线机电热耦合关系

（5）位移场作为边界条件，其变化直接影响温度场与电磁场；

（6）高功率电磁场会影响温度场。

最终，上述都将影响天线电性能。具体来说，天线馈电网络误差、辐射阵元失效、热敏电子元器件（如 T/R 组件中的移相器）性能温漂、天线阵元互耦等都会引起馈电电流的幅相误差，导致天线电磁性能恶化；天线的制造、装配存在随机误差，服役中振动、冲击、热功耗等导致阵面变形，最终引起辐射阵元位置偏移，天线阵面电磁幅相分布发生变化，导致发射波束变化，最终使天线电性能受到严重影响；天线阵面上安装有成千上万的 T/R 组件，热功耗巨大，一方面会导致天线阵面的结构热变形，另一方面也会引起器件的性能下降，最终导致天线电磁性能的恶化；雷达在不同占空比工作模式下，其天线阵面电磁幅相会作出相应分布，导致热功耗随之变化，从而引起温度分布发生变化，进而影响天线阵面的结构热变形。为描述这一多物理场耦合问题，本书从相互作用机理入手，将机械结构因素的影响转化为电磁幅度与相位的变化、将温度因素的影响转化为电磁激励源的特征变化，从而构建电磁场、位移场、温度场的场耦合理论模型，进而开展天线结构设计与性能补偿。

1.6.5　基于 ANSYS 仿真的天线机电热耦合分析

天线作为复杂的高性能电子装备，在实际的服役环境中，复杂恶劣的工作环境（如风载、过载、路面随机振动、冲击等）以及温度分布的不均匀等会导致天线阵面发生结构变形，从而使天线阵元位置发生偏移或指向发生偏转，进而会导致天线的辐射性能发生恶化。因此，在天线研制中研究服役环境下不同载荷导致的天线阵面结构变形对电性能的影响很有必要，同时仿真作为产品设计阶段的重要手段，对于提高研发质量，缩短研发周期，降低研发成本具有重要意义。天线作为多学科、多领域融合的复杂系统，研发设计过程中涉及结构、电磁、热等多学科的协同工作，在研发阶段就考虑服役载荷对结构的影响，这对提高天线研发质量具有里程碑意义。就天线研发设计而言，通常需经历结构设计、服役载荷作用下的结构校核及电性能评估、优化设计等几个阶段，可通过 ANSYS 仿真和天线机电热耦合理论完成其研发设计中至关重要的服役载荷作用下的结构校核及电性能评估。

ANSYS 作为大型通用且有效的有限元分析软件，天线研发设计中，利用 ANSYS 进行服役环境不同载荷作用下的结构校核，同时通过结果后处理提取天线阵面变形数据，然后利用天线机电热耦合理论进行天线电性能计算与分析，从而研究载荷作用下天线阵面结构变形对电性能的影响，为天线设计提供参考。此种新的天线研发理念实现了基于 ANSYS 与 Matlab 联合仿真的面向电性能的结构校核分析与天线电性能计算，整个过程如图 1.9 所示，从而为加快天线研制进程、缩短研发时间、提高研发质量提供了新思路。

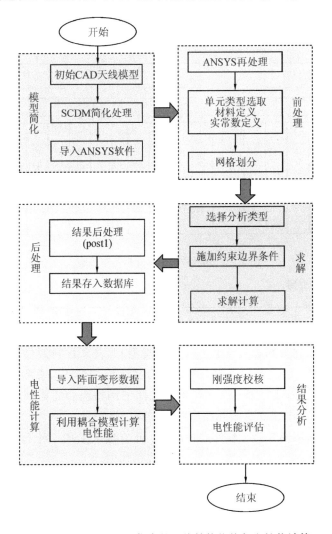

图 1.9　基于 ANSYS 仿真的天线结构校核与电性能计算

1.7　ANSYS 分析步骤

利用 ANSYS 进行结构仿真分析一般包括三个阶段，即前处理阶段、求解阶段和后处理阶段，各个阶段包含内容如图 1.10 所示。

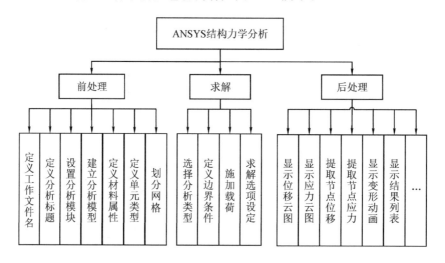

图 1.10　ANSYS 仿真分析基本流程

1. 前处理阶段

前处理阶段主要是建立用于分析的有限元模型，这也是利用 ANSYS 进行结构有限元分析的基础，此阶段工作包括定义工作文件名、定义分析标题、设置分析模块、建立分析模型（建立有限元模型）、定义材料属性、定义单元类型、划分网格等。建立有限元模型时需结合实际结构形状，通常还需要对模型进行简化处理，杆、梁、板壳、实体单元之间的网格组合还需要考虑自由不连续问题。ANSYS 中建立有限元模型的方法有以下三种：

（1）直接利用 ANSYS 软件进行建模。此方法较繁琐，对于简单模型可采用此方法。

（2）导入外部程序建立的 CAD 模型，通过通用图形格式（.xt 文件，.iges 文件，.stp 文件等）或 ANSYS 的 CAD 接口将已建好的模型导入。但实际 CAD 模型建模往往比较细致，无法直接使用以至于在 ANSYS 软件中修复简化工作困难，通常在导入之前可以先在 SpaceClaim 等处理软件中进行简化处理。

（3）导入 HyperMesh 等专业前处理软件生成的有限元模型。

　　划分网格时可采用智能网格划分方式、自定义网格划分方式或者二者相结合的网格划分方式。对于复杂的装配体结构，建立有限元模型时需要考虑各部件传动部分的连接问题以及模型简化处理后不同类型单元连接所导致的自由度不连续的问题。

2. 求解阶段

　　求解阶段主要是进行求解计算的相关设置，包括选择分析类型、定义边界条件、施加载荷以及求解选项设定等。同时载荷的施加及边界条件的设定也可在前处理阶段完成，相应设置结束后便可进行求解操作。

3. 后处理阶段

　　后处理阶段主要是对仿真结果进行查看、显示和分析的过程，在 ANSYS 后处理器中完成。ANSYS 可使用的后处理器有/POST1 通用后处理器和/POST26 时间历程后处理器，前者通常用于查看各个时间节点上（某一特定时刻）的结果，后者通常用于检查模型指定的分析结果与时间、频率等的变化关系。

4. 仿真分析产生误差的原因

　　作为以有限元法为基础的仿真分析软件，ANSYS 仿真分析结果往往与实际值存在一定误差，产生误差的原因可总结为：

　　（1）建立有限元模型导致的误差。由于模型简化时忽略了一些次要特征及模型修正所引起的。

　　（2）划分模型网格导致的误差。有限元模型的网格数量、网格质量、网格密度、网格划分方法等诸多因素导致的。

　　（3）边界模拟、阻尼模拟及各部件接触建立等因素造成的误差。

第 2 章　　前处理与建模技术

　　前处理阶段建立有限元模型是利用 ANSYS 软件进行仿真分析的基础，无论是进行天线还是其他结构的有限元分析，都必须首先在前处理阶段建立有限元模型。本章从实际应用出发，对前处理阶段建立有限元模型过程中常用的典型操作予以介绍，以方便读者在实际使用过程中查询和应用。

2.1　　机电热耦合常用前处理操作

　　首先根据实际的工程应用经验，总结在天线等结构的仿真分析中常用的前处理操作(命令流方式)。需要注意的是，ANSYS 命令流命令必须在输入法为英文的状态下输入(APDL 不区分大小写)，否则会产生错误；同时，为节省空间可将多条命令放于一行，各命令之间以"＄"相隔，"＄"相当于命令之间的连接符，"!"为命令的注释符，后面文字是对相应命令流的解释。

2.1.1　　数据库 db 文件和其他文件管理命令格式

1. 数据库 db 文件的保存

命令格式：

　　　　SAVE，Fname，Ext，—，Slab

- Fname：要保存的数据库 db 文件的文件名。
- Ext：保存文件的扩展名(此处为 db)。
- —：保存文件的目录，默认为工作目录。
- Slab：文件所包含的数据。

　　① 若 Slab 为 ALL，则表示保存所有数据，包括模型数据、求解数据和后处理数据，此项为默认项。

　　② 若 Slab 为 MODEL，则表示只保存模型数据(实体模型、有限元模型和载荷等数据)。

　　③ 若 Slab 为 SOLU，则表示保存模型数据和求解数据(节点解和单元解)。

　　例如：

SAVE，′ssld_cae′，′db′，′D:\project\SSLD\OUTPUT\CAE_MODEL′，ALL

表示将包含所有数据的 ssld_cae. db 文件保存在 D:\project\SSLD\OUTPUT\
CAE_MODEL 目录下。

2. 数据库 db 模型文件的载入

命令格式：

　　RESUME，Fname，Ext，—(Dir)，NOPAR，KNOPLOT

- Fname：db 模型文件名，默认为工作文件名。
- Ext：文件扩展名(此处为 db)。
- —：db 模型文件所在目录。

后两项通常选为默认项。

例如：

　　RESUME,′SSLD′,′db′, ,0,0

表示载入工作目录下的 SSLD. db 模型文件。

3. 文件重新命名

命令格式：

　　/RENAME，Fname1，Ext1，—(Dir1)，Fname2，Ext2，—(Dir2)，DistKey

此命令的功能是将 Dir1 目录下的 Fname1. Ext1 文件重新命名为 Dir2 目
录下的 Fname2. Ext2 文件。

4. 文件删除

文件删除通常用于删除 ANSYS 仿真分析产生的缓存文件。命令格式：

　　/DELETE，Fname，Ext，—(Dir)，DistKey

此命令的功能是删除 Dir 目录下的 Fname. Ext 文件。默认目录为工作
目录。

例如：

　　/DELETE,ZDLD,DSP, ,
　　/DELETE,ZDLD,emat, ,
　　/DELETE,ZDLD,esav, ,
　　/DELETE,ZDLD,full, ,
　　/DELETE,ZDLD,rst, ,
　　/DELETE,ZDLD,stat, ,
　　/DELETE,ZDLD,page, ,
　　/DELETE,ZDLD,err, ,
　　/DELETE,ZDLD,log, ,

等同于删除仿真分析所产生的缓存文件。

5. 文件拷贝

文件拷贝通常用于 ANSYS 仿真分析后处理结果数据的另存或备份。命令格式：

　　　　/COPY，Fname1，Ext1，—(Dir1)，Fname2，Ext2，—(Dir2)，DistKey

此命令的功能是将 Dir1 目录下的 Fname1.Ext1 文件内容拷贝到 Dir2 目录下的 Fname2.Ext2 文件中。

6. 命令流文件的输入

命令流文件的输入通常用于 APDL 仿真分析及后处理阶段中命令流文件的输入。命令格式：

　　　　/INPUT，Fname，Ext，Dir，LINE，LOG

- Fname：输入命令流文件的文件名。
- Ext：输入命令流文件的扩展名，一般为 txt。
- Dir：输入命令流文件所在目录，默认为工作目录。
- LINE：开始读取输入文件的行数。
- LOG：日志文件的记录方式。若 LOG 为 0，则日志文件中只记录/INPUT命令，此项为默认项；若 LOG 为 1，则表示记录文件中的每个命令。

例如：

　　　　/INPUT,create_caemodel,txt,'D:\INPUT\SCRIPTS\CREATE_MODEL'

表示输入 D:\INPUT\SCRIPTS\CREATE_MODEL 目录下的 create_caemodel.txt 文件，读取时从第一行开始读取，日志文件仅记录/INPUT 命令。

2.1.2　初始化相关命令

实际仿真分析中，可能需要对同一个模型进行多次分析，为避免每次仿真分析都需重新载入模型，可对模型进行初始化操作，包括边界条件的清除、单元网格的删除、节点的删除、单元类型的删除、变量的删除等内容。常用的模型初始化命令流如下：

```
FINISH
/PREP7                  ! 进入前处理阶段
ALLSEL                  ! 全选
CSYS,0                  ! 恢复至全局直角坐标系
LSCLEAR,ALL             ! 清除边界条件
VCLEAR,ALL              ! 清除实体上的单元
ACLEAR,ALL              ! 清除面上的单元
EDELE,ALL               ! 清除单元 MASS
```

NDELE,ALL	! 清除节点
ETDELE,1,50,1	! 清除创建的单元
RDELE,ALL	! 清除创建的实常数
MPDELE,ALL,1,50,1	! 清除创建的单元属性
* SET,ALL	! 清除所有变量

实际应用中可将以上命令写入 .txt 文本文件中,应用时通过 /INPUT 命令直接实现对模型的快速初始化。

2.1.3　图形界面反色命令

ANSYS 软件应用中,通常需将背景黑色变为白色以方便结果云图的查看、保存及打印。软件图形界面反色的命令流如下:

  /RGB,INDEX,100,100,100, 0

  /RGB,INDEX, 80, 80, 80,13

  /RGB,INDEX, 60, 60, 60,14

  /RGB,INDEX, 0, 0, 0,15

  /REPLOT

在软件云图截图过程中,若不需要日期、标题、软件 LOGO 等标签,可通过以下命令流进行设置:

/UDOC,1,DATA, ON/OFF	! 去除日期(是/否)
/PLOPTS,TITLE,0/1	! 去除标题标签(是/否)
/PLOPTS, WP, ON/OFF	! 显示工作平面(是/否)
/PLOPTS, LOGO, ON/OFF	! 去除 ANSYS LOGO 标签(是/否)

2.1.4　局部模型的替换

ANSYS 建立有限元模型时,可将其他程序建立的 CAD 模型简化处理后存为通用图形格式导入,导入成功后便可直接生成几何模型,避免了直接在 ANSYS 中建模的复杂性。但有时模型的局部结构可能发生改变需要替换,这时便可将 ANSYS 中要替换的局部模型删除,然后将要替换的局部模型处理后存为通用图形格式导入。模型导入及模型替换应注意以下两点:

(1) 通用图形导入时的选项设置。通常将 Geometry Type 项设置为 All Entities,如图 2.1 所示。其中,Solids Only、Surfaces Only、Wireframe Only 分别表示 ANSYS 中的体、面、线框模型。All Entities 表示包含体、面、线不同类型的几何实体,对于实际模型可根据实际情况而定。

(2) 几何模型导入后,需将 PlotCtrls→Style→Solid Model Facets 选项设置为 Normal Faceting,否则 ANSYS 界面中模型的显示形式为线框形式。

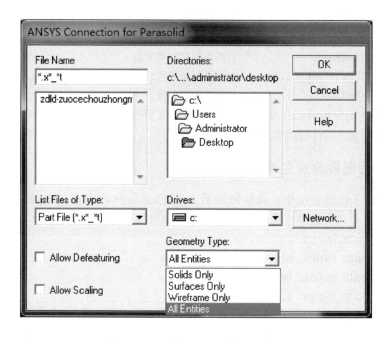

图 2.1　通用图形格式文件导入设置

2.1.5　参数定义

参数定义对于 ANSYS 参数化建模、仿真分析及结果后处理具有重要作用。常用的参数定义方式如下：

(1) 用"参数名＝参数值"形式定义参数。例如：

WIDTH＝0.012

LENGTH＝0.025

(2) 通过"＊SET，参数名，参数值"形式定义参数。例如：

＊SET，WIDTH，0.012

＊SET，LENGTH，0.025

(3) 通过"％参数名％"完成参数的动态替换。例如：

＊DO,I,1,5

KNODE％I％＝10＊I＋1　　　! 此处 I 的值为 1 到 5

＊ENDDO

2.1.6　组件不变时缩放模型的方法

ANSYS 软件中不规定单位制，可通过缩放模型完成模型单位的转换，如将单位为毫米的模型整体缩放 1/1000 可转换为单位为米的模型。常用的模型整体缩放命令流如下：

    /PREP7

    ALLSEL

    VPLOT

    CM,TI,VOLU

    ALLSEL

    ASLV,U

    APLOT

    CM,MIAN,AREA

    CMSEL,S,TI

    VLSCALE,ALL,,,X 缩放系数，Y 缩放系数，Z 缩放系数,,,1

    CMSEL,S,MIAN

    ARSCALE,ALL,,, X 缩放系数，Y 缩放系数，Z 缩放系数,,,1

    ALLSEL

    APLOT

    VPLOT

    FINI

用于模型缩放的命令格式如下：

    VLSCALE，NV1，NV2，NINC，RX，RY，RZ，KINC，NOELEM，IMOVE

    ALSCALE，NA1，NA2，NINC，RX，RY，RZ，KINC，NOELEM，IMOVE

其中，NV1、NV2、NINC/NA1、NA2、NINC 分别为要缩放面或体的初始编号、终止编号、增量；RX、RY、RZ 分别为 X、Y、Z 三个轴方向的缩放系数；KINC 为缩放后关键点的编号增量；NOELEM 表示是否生成节点单元，为 0 生成节点单元，为 1 不生成；IMOVE 表示模型缩放后是否保留初始模型，为 0 保存，为 1 删除。

2.1.7　线段长度测量命令格式

线段长度测量的命令格式如下：

    CMSEL,S,HENG_LINE　　　　　　　　　　！选取所要测量的线

    * GET,HENG_NUM,LINE,0,NUM,MAX　　　！获取线的编号

    * GET,HENG_LENGTH,LINE,HENG_NUM,LENG

                      ！线长度存于 HENG_LENGTH

2.1.8　关键点处局部坐标系的创建

依托工作平面可实现局部坐标系的快速创建。通常先把工作平面移动到想要建立局部坐标系的位置，然后利用 CSWPLA 命令快速实现局部坐标系的创

建，此方法简单且实用。CSWPLA 命令的使用格式如下：

CSWPLA，KCN，KCS，PAR1，PAR2　　！利用工作平面创建局部坐标系

- KCN：要创建的局部坐标系编号。
- KCS：要创建的局部坐标系的类型。0 为直角坐标系，1 为柱坐标系，2 为球坐标系，3 为环坐标系。
- PAR1、PAR2：通常使用默认项即可。

例如，将工作平面移动到某关键点，然后将工作平面移动到关键点处进而建立局部坐标系，此过程的命令流如下：

```
CMSEL,S,ORIGN              ！选择关键点
* GET,BIANHAO,KP,,NUM,MIN  ！获取关键点编号
KWPAVE,BIANHAO             ！将工作平面移到关键点处
CSWPLA,11,0                ！在工作平面中心建立局部坐标系
```

2.1.9　条件分支语句

条件分支语句通常用于有限元模型的参数化建模、施加载荷和结果后处理中。命令格式：

＊IF，VAL1，OPER1，VAL2，BASE1，VAL3，OPER2，VAL4，BASE2

- OPER1、OPER2：比较运算符，具体有 EQ、NE、LT、GT、LE、GE、ABLT、ABGT，分别表示等于、不等于、小于、大于、小于等于、大于等于、绝对值小于、绝对值大于。

BASE1、BASE2：逻辑连接词。当存在两个条件时，BASE1 为逻辑连接词 AND、OR、XOR 等，BASE2 为 THEN；当存在一个条件时，BASE1 为 THEN。

常用应用形式为

```
* IF,VAL1,Oper,VAL2,THEN
——
* ELSEIF,VAL1,Oper,VAL2
——
* ELSE
——
* ENDIF
```

2.1.10　DO 循环语句

DO 循环语句通常用于有限元模型的参数化建模、施加载荷和结果后处理中。命令格式：

　　＊DO，Par，IVAL，FVAL，INC

　　———

　　＊ENDDO

- Par：变量名。
- IVAL、FVAL、INC：变量的起始值、终止值和增量。

2.1.11　工作平面的使用命令

　　ANSYS 中，工作平面是一个具有原点、二维坐标系、捕捉增量和显示栅格的无限大平面。工作平面和坐标系是相互独立的，同一时刻只能定义一个工作平面，默认工作平面为总体直角坐标系的 X-Y 平面。实际应用中，工作平面一般与坐标系联合使用，有关命令流如下：

CSYS,KUN	！激活坐标系，0 为总体直角坐标系(默认)，1 为 Z 作旋转轴的柱坐标系，2 为球坐标系，4 或 WP 为工作平面，11 或更大的值为定义的局部坐标系
WPCSYS,WN,KUN	！将既有坐标系 X-Y 平面定义为工作平面
WPOFFS,XOFF,YOFF,ZOFF	！移动工作平面
WPROTA,THXY,THYZ,THZX	！旋转工作平面
CSWPLA，KCN，KCS，PAR1，PAR2	！在当前工作平面定义局部坐标系

其中，KCN 为定义的局部坐标系编号(大于 11)；KCS 为定义局部坐标系的类型，0 为直角坐标系，1 为圆柱坐标系，2 为球坐标系，3 为环形坐标系。

2.1.12　局部单元快速选择与模型检验

　　＊DO,I,1,100

　　ESLN,S

　　NSLE,S

　　＊ENDDO

　　以上命令流可实现局部单元的快速选择，通常用于网格划分过程中出现错误时的模型检验，通过快速选取局部模型单元，从而找出问题根源和位置，便于后续修改。

2.1.13　参数和数组的定义与赋值

　　通常用于仿真分析结果数据的提取，包括最大位移值及其对应节点编号、最大应力值及其对应节点编号、结构 X/Y/Z 方向变形数据等。通过定义数组从而实现结果数据的存储。命令格式：

　　＊DIM，PAR，TYPE，IMAX，JMAX，KMAX，VAR1，VAR2，VAR3　　！定义数组

- PAR：数组名。
- TYPE：ARRAY 数组同 FORTRAN，下标最小号为 1，可以多达三维（缺省）

  CHAR 字符型数组，数组元素的内容是不超过 8 个字符的字符串。

  TABLE 表格型数组，在填充表格里数组下标是事前定义的实数值，而不是整数。

  STRING 字符串型数组，数组元素长度不超过 IMAX 的字符串。
- IMAX、JMAX、KMAX：各维的最大下标号。
- VAR1、VAR2、VAR3：各维变量名，缺省为 row、column、plane（当 TYPE 为 table 时）。

2.1.14　文件读入的通用格式

文件读入的通用格式如下：

　　* **VREAD，ParR，Fname，Ext，—，Label，n1，n2，n3，NSKIP**

即

　　* VREAD，读入数组参数，读入文件名，文件扩展名（Ext），文件所在路径（—），Label（取值为 ijk、ikj、jik、jki、kij、kji，默认为 ijk），n1，n2，n3（若 Label 为 kij，则 n2，n3 默认为 1），读取数据时忽略的行数（NSKIP）

实际使用中应注意以下三点：

（1）确定读入数据的维度，如数据行数 m 以及列数 n。

（2）定义数组 * dim，parp，array，m，n。

（3）采用 * vread 命令，并且采用 jik 顺序。

例如：

　　* VREAD，parp(1,1)，data，txt，—，jik，n，m，，

2.1.15　布尔操作

ANSYS 建模过程中可通过布尔操作对实体模型进行修改，模型的布尔操作就是对模型进行加、减、相交等逻辑运算处理的过程。利用布尔操作，可实现复杂模型的建模工作。需注意的是，已经划分网格的图元不能进行布尔运算。常用的布尔操作如下：

1. 相交操作（IN）

相交操作是将初始图元的共同部分形成一个新图元，得到的是两个或多个图元的重复区域，这个新的重复区域可能与原始图元有相同的维数，也可能低于原始图元的维数。常用的相交操作命令流如下：

```
LINL，NL1，NL2，NL3，NL4，NL5，NL6，NL7，NL8，NL9    ！线线相交
AINA，NA1，NA2，NA3，NA4，NA5，NA6，NA7，NA8，NA9    ！面面相交
VINV，NV1，NV2，NV3，NV4，NV5，NV6，NV7，NV8，NV9    ！体体相交
LINA，NL，NA                                      ！线面相交生成点
AINV，NA，NV                                      ！面体相交生成面
LINV，NL，NV                                      ！线体相交生成点
```

2. 相加操作(ADD)

相加操作是将两个或多个有公共部分的图元合并成一个新的图元，新图元不再保留公共部分的边界，是一个单一的整体，没有接缝。实际应用中通常包括面相加操作和体相加操作，相应的命令流如下：

```
AADD，NA1，NA2，NA3，NA4，NA5，NA6，NA7，NA8，NA9
AADD，ALL      ！表示所有选中的面进行相加操作
VADD，NV1，NV2，NV3，NV4，NV5，NV6，NV7，NV8，NV9
VADD，ALL      ！表示所有选中的体进行相加操作
```

3. 搭接操作(OVLAP)

搭接操作仅限于同等级的几何实体，可将有重叠部分的对象变为连续的几个对象，与相加操作类似，但相加操作是由几个实体生成一个实体，搭接操作是由几个实体生成更多的实体，相交部分将被独立出来。实际操作中，搭接操作形成多个相对简单的区域，相加操作则形成一个相对复杂的区域，网格划分时搭接生成的图元比相加操作生成的图元更容易划分。常用的搭接操作有线搭接、面搭接和体搭接，相应的操作命令流如下：

```
LOVLAP，NL1，NL2，NL3，NL4，NL5，NL6，NL7，NL8，NL9
LOVLAP，ALL      ！表示所有选中的线进行搭接操作
AOVLAP，NA1，NA2，NA3，NA4，NA5，NA6，NA7，NA8，NA9
AOVLAP，ALL      ！表示所有选中的面进行搭接操作
VOVLAP，NV1，NV2，NV3，NV4，NV5，NV6，NV7，NV8，NV9
VOVLAP，ALL      ！表示所有选中的体进行搭接操作
```

4. 粘接操作(GLUE)

粘接操作是将两个或多个图元连接在一起，使用共同的边界，以保证在连接处自由度的连续。粘接操作仅限于同等级的几何实体，执行粘接操作后形成共同边界，母体之间仍然相互独立。粘接操作在模型前处理阶段是必需的，同时粘接操作会对之前创建的组件产生一定影响，可能会使其消失或发生改变，这点需特别注意。常用的粘接操作有线粘接、面粘接和体粘接，相应的操作命令流如下：

```
LGLUE，NL1，NL2，NL3，NL4，NL5，NL6，NL7，NL8，NL9
```

　　　　LGLUE,ALL　　! 表示所有选中的线进行粘接操作

　　　　AGLUE,NA1，NA2，NA3，NA4，NA5，NA6，NA7，NA8，NA9

　　　　AGLUE,ALL　　! 表示所有选中的面进行粘接操作

　　　　VGLUE,NV1，NV2，NV3，NV4，NV5，NV6，NV7，NV8，NV9

　　　　VGLUE,ALL　　! 表示所有选中的体进行粘接操作

5. 相减操作(SB)

　　相减操作可实现图元之间的相减或分割操作，仿真分析中较常用的相减操作命令流如下：

　　　　VSBA, NV, NA, SEPO, KEEPV, KEEPA　　　　! 用面来分割体

　　　　VSBV, NV1，NV2, SEPO, KEEP1, KEEP2　　　! 用体 2 分割体 1

　　　　VSBW, NV, SEPO, KEEP　　　　　　　　　! 用工作平面分割体

　　　　ASBA, NA1，NA2, SEPO, KEEP1, KEEP2　　! 从一个面中减去另一个面

　　　　ASBL, NA, NL, 一, KEEPA, KEEPL　　　　! 用线分割面

　　　　ASBW, NA, SEPO, KEEP　　　　　　　　　! 用工作平面分割面

　　　　VSBW, NV, SEPO, KEEP　　　　　　　　　! 用工作平面分割体

　　• NV：体的编号。

　　• NA：面的编号。

　　• SEPO：确定相交部分的处理方式，若为空，生成的体与它们一起共享相交面，若为 SEPO，生成的部分与相交面分开，但具有一致性。

　　• KEEPV：是否保留或删除控制项，DELETE 删除，KEEP 保留。

　　• KEEPA：是否保留或删除控制项，DELETE 删除，KEEP 保留。

2.1.16　建模编号控制

　　在实际操作中，一般是先合并实体，后压缩编号，相应命令流如下：

　　　　NUMMRG, Label, TOLER, GTOLER, Action, Switch　　! 对图元编号进行合并

　　　　NUMCMP, Label　　　　　　　　　　　　　　! 对图元编号进行压缩

　　• Label：要合并/压缩的项目包括 NODE、ELEM、KP、MAT、TYPE、REAL、SECT、CP、CE、ALL。

　　• TOLER：合并误差允许范围，一般选择默认。

　　• GTOLER：全部实体模型公差，一般选择默认。

　　• Switch：确定合并后保留低编号项还是高编号项，low 表示保留低编号，high 表示保存高编号项。

　　例如：

　　　　NUMMRG, ALL, , , , LOW

表示合并模型所有项目。

　　　　NUMCMP, KP

表示压缩关键点编号。

应用实例：在天线的仿真分析中，通常需要提取天线阵面在载荷作用下的变形数据，这时就需要建立硬点以方便阵面变形数据的提取，同时为了保证所建硬点的编号连续性，需要对关键点编号进行合并和压缩，相应的命令流为

　　　　ALLSEL

　　　　NUMMRG,KP,，，，LOW

　　　　NUMCMP,KP

2.1.17　选择操作

选择操作在 ANSYS 实际应用中有着重要作用，常用的选择操作如表 2.1 所示。

表 2.1　常用的选择操作

命　　令	命　令　含　义
ALLSEL	选择全部对象
KSEL、LSEL、ASEL、VSEL、NSEL、ESEL、CMSEL	选择点、线、面、体、节点、单元、组件
NSLE	选择单元上的节点
ESLN	选择与节点相连的单元
NSLL、NSLA、NSLV	选择与已选线、面、体相关联的节点
ESLL、ESLA、ESLV	选择与已选线、面、体相关联的单元
KSLL	选择已选择线所包含的关键点
LSLA	选择已选择面所包含的线
ASLV	选择已选择体所包含的面
VSLA	选择包含已选面的体

具体使用格式介绍如下：

　　　　KSEL,Type,Item,Comp,VMIN,VMAX,VINC,KABS

　　　　LSEL,Type,Item,Comp,VMIN,VMAX,VINC,KSWP

　　　　ASEL,Type,Item,Comp,VMIN,VMAX,VINC,KSWP

　　　　VSEL,Type,Item,Comp,VMIN,VMAX,VINC,KSWP

　　　　NSEL,Type,Item,Comp,VMIN,VMAX,VINC,KABS

　　　　ESEL,Type,Item,Comp,VMIN,VMAX,VINC,KABS

　　　　CMSEL,Type,Name,Entity

- Type：用于确定选择方式。

① S——从总体中选择（默认）；

② R——从当前选择集中再选择；

③ A——从总体中选择，选择结果加入当前选择集，相当于补选；

④ U——从当前选择集中去除；

⑤ ALL——选择总体；

⑥ NONE——什么也不选中；

⑦ INV——根据当前选择集，从总体中反选。

- Item：选择操作所选择的项目类别。常用的有：

① 实体名称类：为 KP 代表关键点；为 LINE 代表线；为 AREA 代表面；为 VOLU 代表体；为 NODE 代表节点；为 ELEM 代表单元，此时 Comp 为空；VMIN、VMAX、VINC 分别代表相应项编号的最小值、最大值和增量；当 VINC 不指定时默认为 1。例如：

　　　　KSEL,S,KP,,21,30

表示选取编号 21 到 30 的关键点。

② 属性定义类：为 MAT 代表材料；为 REAL 代表实常数；为 TYPE 代表单元类型，此时 Comp 为空。例如：

　　　　ESEL,U,MAT,,3

表示将 3 号材料的单元从当前所选集中去除。

　　　　ESEL,S,REAL,,2

表示选择实常数为 2 的单元。

③ 位置坐标类：为 LOC 代表通过位置选择实体对象（单元除外），此时 Comp 为坐标(X, Y, Z)；VMIN、VMAX、VINC 分别代表坐标的起始值、终止值和增量。例如：

　　　　NSEL,A,LOC,X,1.2,3

表示从总体中再选择 X 坐标在 1.2 到 3 之间的节点加入到当前选择集中。

以下给出一些选择的应用例子以供参考：

(1) 选择 X 坐标为 0.5 和 1 平面上的节点：

　　　　NSEL,S,LOC,X,0.5 $ NSEL,A,LOC,X,1

或者

　　　　NSEL,S,LOC,X,0.5,1,0.5

(2) 选择 X 坐标为 0.5 和 1 且 Y 坐标在 0 到 2 之间的节点：

　　　　NSEL,S,LOC,X,0.5 $ NSEL,A,LOC,X,1 $ NSEL,R,LOC,Y,0,2

(3) 选择 X 坐标在 10 到 15 之间的节点，不包含 X 坐标为 3 和 5 处的节点：

TINY＝0.000001 ＄ NSEL,S,LOC,X,3＋TINY,5－TINY

（4）选择材料号为 2 但实常数不为 3 的单元：

ESEL,S,MAT,,2 ＄ ESEL,U,REAL,,3

2.1.18　坐标系

创建有限元模型时，需要通过坐标系对所要生成的模型进行空间定位。ANSYS 程序根据不同用途提供了多种坐标系供用户选择使用，介绍如下：

（1）总体和局部坐标系：用来确定位几何形状参数（节点、关键点等）在空间中的位置。

（2）显示坐标系：用于几何形状参数的列表和显示，默认是整体直角坐标系，可用于测半径参数。显示坐标系的改变会影响到图形显示。

（3）节点坐标系：定义各节点的自由度方向和节点结果数据的取向。

（4）单元坐标系：定义单元各向异性材料性质、施加面载荷的方向和单元结果数据的取向。

（5）结果坐标系：节点或单元结果数据在列表或显示时所采用的特殊坐标系，默认为整体坐标系。

ANSYS 仿真计算的结果数据有位移、应力、应变和节点力等，这些数据在向数据库和结果文件存储时，有的按节点坐标系存储，有的按单元坐标系存储，而结果数据在列表、显示和单元表存储时是按当前结果坐标系进行的。

图 2.2 所示为 ANSYS 中四种常用的坐标系类型，其中：图(a)为笛卡尔直角坐标系，坐标形式为 (x, y, z)，坐标系编号为 0，即(C.S.0)；图(b)为柱坐标系，坐标形式为 (R, θ, Z)，坐标系编号为 1，即(C.S.1)；图(c)为球坐标系，坐标形式为 (R, θ, φ)，坐标系编号为 2，即(C.S.2)；图(d)为柱坐标系(Y 轴)，坐标形式为 (R, θ, Y)，坐标系编号为 5，即(C.S.5)。

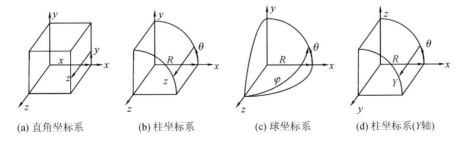

(a) 直角坐标系　　　(b) 柱坐标系　　　(c) 球坐标系　　　(d) 柱坐标系(Y轴)

图 2.2　ANSYS 中的坐标系

同时，ANSYS 使用过程中经常需要设置局部坐标系，设置局部坐标系时要注意局部坐标系的类型，确定其是直角坐标系、柱坐标系、球坐标系或是柱坐标系(Y 轴)类型。

与当前坐标系的设置有关的命令为

　　　　CSYS,KCN　! 设置当前坐标系

其中，KCN 为 0 时当前工作坐标系为整体直角坐标系，为 1 时当前工作坐标系为整体柱坐标系，为 2 时当前工作坐标系为整体球坐标系，为 4 时当前工作坐标系为工作平面坐标系，为 5 时当前工作坐标系为以 Y 轴为轴心的整体柱坐标系，为 n(已定义的局部坐标系，坐标系局部号必须大于 11)时当前工作坐标系为定义的局部坐标系。

2.1.19　组件创建、选择和删除

ANSYS 中组件的创建对于选取操作提供了巨大便利，组件建立好之后便于加载载荷、模型选取等操作。创建组件时，一般是先选中要创建组件的实体，然后再进行组件创建。

1. 组件的创建

命令格式：

　　　　CM，Cname，Entity　! 创建组件

• Cname：要创建组件的组件名。

• Entity：创建组件的几何图元的类型，包括 VOLU、AREA、LINE、KP、ELEM、NODE。

2. 组件的选择

命令格式：

　　　　CMSEL，Type，Name，Entity　! 组件的选择

• Type：确定选择方式。有以下七个取值：

① S——从总体中选择(默认)；

② R——从当前选择集中再选择；

③ A——从总体中选择，选择结果加入当前选择集，相当于补选；

④ U——从当前选择集中去除；

⑤ ALL——选择总体；

⑥ NONE——什么也不选中；

⑦ INV——根据当前选择集，从总体中反选。

• Name：要选择的组件名。

• Entity：若 Name 为空，则可定义此项。若为 VOLU 则只选择体组件，

为 AREA 只选择面组件，为 LINE 只选择线组件，为 KP 只选择关键点组件，为 ELEM 只选择单元组件，为 NODE 只选择节点组件。

3. 组件的列表显示

命令格式：

  CMLIST，ALL   ! 列表显示所有组件，包括组件名，组件包含元素数和组件类型

4. 组件删除

命令格式：

  CMDELE，Name ! 组件删除

其中，Name 为要删除的组件。

5. 组件操作 GUI 方式

也可通过 Utility Menu → Select → Comp/Assembly 和 Utility Menu → Select→Component Manager 对组件进行相应操作。

2.2 定义工作文件名和分析标题

工作文件名是分析任务的名称，仿真分析的结果文件等都是以工作文件名命名的。分析标题起注释作用，通常在图形左下角显示，可用来定义分类类型。工作文件名和分析标题定义的命令流如下：

  /FILNAME，Fname，Key ! 定义工作文件名

· Fname：所要定义的工作文件名，最多 32 个字符，默认为.db 文件文件名或 file。

· Key：表示是否要继续使用已有的 .LOG、.ERR、.LOCK、.PAGE 和 .OUT文件。若为 0 或 OFF 则表示继续使用已有的 .LOG、.ERR、.LOCK、.PAGE 和 .OUT 文件；若为1 或 ON则表示使用新的 .LOG、.ERR、.LOCK、.PAGE 和 .OUT 文件(旧的 .LOG、.ERR 文件会关闭并保存，但旧的 .LOCK、.PAGE 和 .OUT 文件会被删除)。

例如：

  /FILNAME, SSLD, 1

  /TITLE，Title ! 定义分析标题

其中，Title：所要定义的标题名称。

又例如：

  /TITLE，SSLD-Model Analysis

2.3　定　义　单　位　制

一般有限元软件不直接给出分析中使用物理量的单位。比如在 ANSYS 中，输入命令"/UNITS, SI"只起到一种标签的作用，不具有任何单位换算功能。因此通常情况下用户需要在分析过程中使用统一的单位制，并不限于使用某一固定的单位制。一般可以按照如下的单位制使用方法选用单位制：

(1) 所用单位都统一使用国际单位制，那么计算结果也为国际单位制。

(2) 使用非国际单位制，需要先确定几个基本物理量的单位，然后根据基本物理量推导出其他物理量的单位，也就是要导出物理量的量纲进行换算。

2.3.1　量纲选用原则

量纲选用可遵循以下三个原则：

(1) 确定分析中使用的物理量的数量级大小，避免使用数量级太大或者太小的量纲。

(2) 同一个问题中的所有物理量的量纲要保持一致，否则计算结果中某些物理量的量纲就不明确，容易导致错误的结果。

(3) 一般情况，为了分析方便，可先选定基本物理量的量纲，再由基本物理量的量纲推出其他物理量的量纲。

2.3.2　常用单位制

对于用户的实际使用而言，选定基本物理量的量纲不同，则由基本物理量推出的其他物理量的量纲也是不同的，通常用到的基本物理量单位制有 m-kg-s 单位制(标准的量纲单位制)、mm-kg-s 单位制、mm-g-s 单位制和 m-t-s 单位制。下面就 m-kg-s 单位制(标准的量纲单位制)、mm-kg-s 单位制、mm-g-s 单位制和 m-t-s 单位制为例详细展示通过选定基本物理量量纲然后导出其他各物理量量纲的过程。

1. m-kg-s 单位制(标准的量纲单位制)

首先选定基本物理量的量纲，长度 L—m、质量 m—kg、时间 t—s、温度 T—K，然后各导出物理量的单位可推导如下：

① 速度：$v=\dfrac{L}{t}$—m/s。

② 加速度：$a=\dfrac{L}{t^2}$—m/s^2。

③ 面积：$A = L^2$—m^2。

④ 体积：$V = L^3$—m^3。

⑤ 密度：$\rho = \dfrac{m}{L^3}$—kg/m^3。

⑥ 力：$f = m \cdot \dfrac{L}{t^2}$—$kg \cdot m/s^2 = N$。

⑦ 力矩、能量、热量、焓等：$e = m \cdot \dfrac{L^2}{t^2}$—$kg \cdot m^2/s^2 = J$。

⑧ 压力、应力、弹性模量等：$p = \dfrac{m}{t^2 \cdot L}$—$kg/(s^2 \cdot m) = kPa$。

⑨ 热流量、功率：$\Psi = m \cdot \dfrac{L^2}{t^3}$—$kg \cdot m^2/s^3 = W$。

⑩ 导热率：$k = m \cdot \dfrac{L}{t^3 \cdot T}$—$kg \cdot m/(s^3 \cdot K)$。

⑪ 比热：$c = \dfrac{L^2}{t^2 \cdot T}$—$m^2/(s^2 \cdot K)$。

⑫ 热交换系数：$Cv = \dfrac{m}{t^3 \cdot T}$—$kg/(s^3 \cdot K)$。

⑬ 黏性系数：$Kv = \dfrac{m}{t \cdot L}$—$kg/(s \cdot m)$。

⑭ 熵：$S = m \cdot \dfrac{L^2}{t^2 \cdot T}$—$kg \cdot m^2/(s^2 \cdot K)$。

⑮ 质量熵、比熵：$s = \dfrac{L^2}{t^2 \cdot T}$—$m^2/(s^2 \cdot K)$。

2. mm - g - s 单位制

首先选定基本物理量的量纲，长度 L—mm、质量 m—g、时间 t—s、温度 T—K，然后各导出物理量的单位可推导如下：

① 速度：$v = \dfrac{L}{t}$—$mm/s = 10^{-3} m/s$。

② 加速度：$a = \dfrac{L}{t^2}$—$mm/s^2 = 10^{-3} m/s^2$。

③ 面积：$A = L^2$—$mm^2 = 10^{-6} m^2$。

④ 体积：$V = L^3$—$mm^3 = 10^{-9} m^2$。

⑤ 密度：$\rho = \dfrac{m}{L^3}$—$g/mm^3 = 10^6 kg/m^3$。

⑥ 力：$f = m \cdot \dfrac{L}{t^2}$—$g \cdot mm/s^2 = 10^{-6} kg \cdot m/s^2 = \mu N$。

⑦ 力矩、能量、热量、焓等：$e = m \cdot \dfrac{L^2}{t^2}$—$g \cdot mm^2/s^2 = 10^{-9} kg \cdot m^2/s^2$
$= nJ$。

⑧ 压力、应力、弹性模量等：$p = \dfrac{m}{t^2 \cdot L}$—$g/(s^2 \cdot mm) = kg/(s^2 \cdot m)$
$= Pa$。

⑨ 热流量、功率：$\Psi = m \cdot \dfrac{L^2}{t^3}$— $g \cdot mm^2/s^3 = 10^{-9} kg \cdot m^2/s^3 = nW$。

⑩ 导热率：$k = m \cdot \dfrac{L}{t^3 \cdot T}$—$g \cdot mm/(s^3 \cdot K) = 10^{-6} kg \cdot m/(s^3 \cdot K)$。

⑪ 比热：$c = \dfrac{L^2}{t^2 \cdot T}$—$mm^2/(s^2 \cdot K) = 10^{-6} m^2/(s^2 \cdot K)$。

⑫ 热交换系数：$Cv = \dfrac{m}{t^3 \cdot T}$— $g/(s^3 \cdot K) = 10^{-3} kg/(s^3 \cdot K)$。

⑬ 黏性系数：$Kv = \dfrac{m}{t \cdot L}$—$g/(s \cdot mm) = kg/(s \cdot m)$。

⑭ 熵：$S = m \cdot \dfrac{L^2}{t^2 \cdot T}$— $g \cdot mm^2/(s^2 \cdot K) = 10^{-9} kg \cdot m^2/(s^2 \cdot K)$。

⑮ 质量熵、比熵：$s = \dfrac{L^2}{t^2 \cdot T}$— $mm^2/(s^2 \cdot K) = 10^{-6} m^2/(s^2 \cdot K)$。

3. mm – kg – s 单位制

首先选定基本物理量的量纲，长度 L—mm、质量 m—kg、时间 t—s、温度 T—K，然后各导出物理量的单位可推导如下：

① 速度：$v = \dfrac{L}{t}$—$mm/s = 10^{-3} m/s$。

② 加速度：$a = \dfrac{L}{t^2}$—$mm/s^2 = 10^{-3} m/s^2$。

③ 面积：$A = L^2$—$mm^2 = 10^{-6} m^2$。

④ 体积：$V = L^3$—$mm^3 = 10^{-9} m^2$。

⑤ 密度：$\rho = \dfrac{m}{L^3}$—$kg/mm^3 = 10^9 kg/m^3$。

⑥ 力：$f = m \cdot \dfrac{L}{t^2}$— $kg \cdot mm/s^2$—$10^{-3} kg \cdot m/s^2 = mN$。

⑦ 力矩、能量、热量、焓等：$e = m \cdot \dfrac{L^2}{t^2}$— $kg \cdot mm^2/s^2 = 10^{-6} kg \cdot m^2/s^2$
$= \mu J$。

⑧ 压力、应力、弹性模量等：$p = \dfrac{m}{t^2 \cdot L}$ —kg/(s^2 · mm) = 10^3 kg/(s^2 · m)

$\qquad\qquad\qquad\qquad\qquad\qquad\qquad\qquad\qquad\qquad$ = kPa。

⑨ 热流量、功率：$\varPsi = m \cdot \dfrac{L^2}{t^3}$ — kg · mm^2/s^3 = 10^{-6} kg · m^2/s^3 = μW。

⑩ 导热率：$k = m \cdot \dfrac{L}{t^3 \cdot T}$ —kg · mm/(s^3 · K) = 10^{-3} kg · m/(s^3 · K)。

⑪ 比热：$c = \dfrac{L^2}{t^2 \cdot T}$ —mm^2/(s^2 · K) = 10^{-6} m^2/(s^2 · K)。

⑫ 热交换系数：$Cv = \dfrac{m}{t^3 \cdot T}$ —kg /(s^3 · K)。

⑬ 黏性系数：$Kv = \dfrac{m}{t \cdot L}$ —kg/(s · mm) = 10^{3}kg/(s · m)。

⑭ 熵：$S = m \cdot \dfrac{L^2}{t^2 \cdot T}$ —kg · mm^2/(s^2 · K) = 10^{-6} kg · m^2/(s^2 · K)。

⑮ 质量熵、比熵：$s = \dfrac{L^2}{t^2 \cdot T}$ — mm^2/(s^2 · K) = 10^{-6} m^2/(s^2 · K)。

4. mm - t - s 单位制

首先选定基本物理量的量纲，长度 L—mm、质量 m—t(吨)、时间 t—s、温度 T—K，然后各导出物理量的单位可推导如下：

① 速度：$v = \dfrac{L}{t}$ —mm/s = 10^{-3}m/s。

② 加速度：$a = \dfrac{L}{t^2}$ —mm/s^2 = 10^{-3}m/s^2。

③ 面积：$A = L^2$—mm^2 = 10^{-6}m^2。

④ 体积：$V = L^3$—mm^3 = 10^{-9}m^2。

⑤ 密度：$\rho = \dfrac{m}{L^3}$ —t/mm^3 = 10^{-3} kg/m^3 = 10^6 g/mm^3。

⑥ 力：$f = m \cdot \dfrac{L}{t^2}$ — t · mm/s^2 = kg · m/s^2 = N。

⑦ 力矩、能量、热量、焓等：$e = m \cdot \dfrac{L^2}{t^2}$ — t · mm^2/s^2 = 10^{-3}J。

⑧ 压力、应力、弹性模量等：$p = \dfrac{m}{t^2 \cdot L}$ —t/(s^2 · mm) = MPa。

⑨ 热流量、功率：$\varPsi = m \cdot \dfrac{L^2}{t^3}$ — t · mm^2/s^3 = 10^{-3}W。

⑩ 导热率：$k = m \cdot \dfrac{L}{t^3 \cdot T}$—t $\cdot$ mm/(s^3 $\cdot$ K)=kg $\cdot$ m/(s^3 $\cdot$ K)。

⑪ 比热：$c = \dfrac{L^2}{t^2 \cdot T}$—mm^2/(s^2 $\cdot$ K)=10^{-6} m^2/(s^2 $\cdot$ K)。

⑫ 热交换系数：$Cv = \dfrac{m}{t^3 \cdot T}$—t/(s^3 $\cdot$ K)=10^3 kg /(s^3 $\cdot$ K)。

⑬ 黏性系数：$Kv = \dfrac{m}{t \cdot L}$—t/(s $\cdot$ mm)=10^6 kg/(s $\cdot$ m)。

⑭ 熵：$S = m \cdot \dfrac{L^2}{t^2 \cdot T}$—t $\cdot$ mm^2/(s^2 $\cdot$ K)=10^{-3} kg $\cdot$ m^2/(s^2 $\cdot$ K)。

⑮ 质量熵、比熵：$s = \dfrac{L^2}{t^2 \cdot T}$—mm^2/(s^2 $\cdot$ K)= 10^{-6} m^2/(s^2 $\cdot$ K)。

2.4　定义单元类型和实常数

ANSYS 仿真分析划分网格前，用户需要对模型网格划分中将要用到的单元属性进行定义，包括单元类型的选择、实常数定义、横截面类型定义等，具体介绍如下。

2.4.1　单元类型定义

命令格式：

ET，ITYPE，Ename，KOP1，KOP2，KOP3，KOP4，KOP5，KOP6，INOPR

　　　　　　　　　　　　　　　　　　　　　　　　　！定义单元类型

• ITYPE：单元号。

• Ename：单元名称。

• KOP1、KOP2、KOP3、KOP4、KOP5、KOP6：单元关键字设置，通常单元关键字可通过 KEYOPT 命令进行单独设置。

例如：

　　　ET，1，SOLID185

　　　ET，2，MASS21

　　　ET，3，SHELL181

　　　ET，4，BEAM188

2.4.2　单元关键字设置

命令格式：

KEYOPT，ITYPE，KNUM，VALUE　　！单元关键字设置

- ITYPE：单元号。
- KNUM：单元关键字选项编号。
- VALUE：关键字选项编号对应的值。

关键字设置应结合实际的分析结构，同时有些单元不需要设置关键字。

关键字设置的例子如下：

  ET，1，SHELL181　　　　! 设定 SHELL181 单元的第 3 个和第 8 个关键字
  KEYOPT，1，3，2
  KEYOPT，1，8，2
  ET，5，CONTA173　　　　! 接触类型为 BONDED，EXCLUDE，EVERYTHING
  KEYOPT，5，2，2
  KEYOPT，5，9，1
  KEYOPT，5，12，5

2.4.3　实常数定义

单元实常数用于描述单元的形状，如杆单元截面积、壳单元厚度、质量点单元重量等。并非每一种单元类型都需要定义实常数，在选用单元时，应充分了解该单元需要设置的参数。常用的定义单元实常数的命令如下：

  R，NSET，R1，R2，R3，R4，R5，R6　　　　! 定义单元实常数

例如：

  R，1，1E−6　　　　! 用于定义 mass21 单元的质量
  R，2，0.004　　　　! 用于定义壳单元的厚度(旧版本可以，高版本不适用)

ANSYS 使用过程中发现 ANSYS 18.2 及以上版本中壳单元厚度无法通过 R 命令定义，可通过 SECTYPE、SECDATA 和 SECNUM 命令组合定义壳单元厚度，定义命令流示例如下：

  SECTYPE，1，SHELL181　　　! 定义 SHELL181 单元,单元编号为1,厚度为 2 mm
  SECDATA，0.002，
  SECTYPE，2，SHELL181　　　! 定义 SHELL181 单元,单元编号为1,厚度为 6 mm
  SECDATA，0.006，
  SECTYPE，3，SHELL181　　　! 定义 SHELL181 单元,单元编号为1,厚度为 10 mm
  SECDATA，0.010，

划分网格选择壳单元厚度时可通过 SECNUM 命令完成，如 SECNUM，3，表示选取单元编号为 3 的壳单元，其厚度为 10 mm。

2.5　定义材料属性

典型的材料特性包括材料弹性模量、泊松比、密度、导热系数、热膨胀系

数等。材料可分为线性材料和非线性材料，二者需要使用不同的方法定义，本书仅介绍线性材料的定义。

命令格式：

MP，Lab，MAT，C0，C1，C2，C3，C4 ！材料属性定义

- Lab：材料属性。具体取值含义为

① EX——材料的弹性模量（也可以是 EY、EZ）；

② PRXY——主泊松比（也可以是 PRYZ、PRXZ）；

③ NUXY——次泊松比（也可以是 NUYZ、NUXZ）；

④ DENS——密度；

⑤ ALPX——线膨胀系数（也可以是 ALPY、ALPZ）；

⑥ GXY——剪切模量（也可以是 GYZ、GXZ）；

⑦ C——材料比热容；

⑧ KXX——导热系数；

⑨ DAMP——用于阻尼的 K 矩阵乘子，即阻尼系数；

⑩ HF——对流或散热系数。

- MAT：材料号。
- C0：材料属性值，如果定义一个属性与温度的多项式，则为多项式的常数项。
- C1、C2、C3、C4：多项式的一次、二次、三次和四次项的系数，若为 0 则表示输入一个常数的材料属性值。

材料属性定义示例命令流如下（各材料属性实际值通过参数进行赋值）：

```
EX1=7.1E+10            MP,EX,1,EX1
PRXY1=0.3              MP,PRXY,1,PRXY1
DENS1=2810             MP,DENS,1,DENS1
DAMP1=0.00096          MP,DAMP,1, DAMP1
KXX1=237               MP,KXX,1,KXX1
C1=880                 MP,C,1,C1
ALPX1=2.3E-05          MP,ALPX,1,ALPX1
```

2.6　创建有限元模型

有限元模型是进行仿真分析的基础，ANSYS 提供了多种创建有限元模型的方式，通常可直接利用 ANSYS 进行有限元模型的建模，但此方法工作重复繁

琐且工作量巨大，对于简单的模型可采用此方法，复杂模型通常采用其他方法进行有限元模型的建模。下面对创建有限元模型中的一些常用操作予以介绍。

2.6.1　CAD 几何模型导入 CAE

对于像雷达天线等复杂的结构，通常可将其 CAD 模型在 SpaceClaim 软件简化修复后存为通用图形格式(x_t 文件，.iges 文件，.stp 文件等)，然后导入 ANSYS 中进行后续的操作。模型导入的命令流如下：

~PARAIN, Name, Extension, Path, Entity, FMT, Scale　! 导入.x_t 模型文件

~SATIN, Name, Extension, Path, Entity, FMT, NOCL, NOAN ! 导入.SAT 文件

~UGIN, Name, Extension, Path, Entity, LAYER, FMT　! 导入.PRT 文件

- Name：导入模型文件的文件名。
- Extension：导入模型文件的扩展名。
- Path：导入模型文件所在路径。
- Entity：模型导入的实体类型。具体取值及含义如下：
① SOLIDS——只导入模型中的体(默认)。
② SURFACES——只导入模型中的面。
③ WIREFRAME——只导入模型中的线。
④ ALL——导入全部图元。
- 其他项参数通常默认即可。

导入示例：

$\sim$PARAIN,′zdld′,′x_t′,′D:\desktop\zdld001\′,ALL,0,0

* 注意：通用图形格式导入 ANSYS 中默认显示形式为线框形式，需进行相应设置方可正常显示，可通过 GUI 方式或命令流实现对模型显示形式的设置，具体如下：

(1) GUI 方式：将 Utility Menu→PlotCtrls→Style→Solid Model Facets 选项设置为 Normal Faceting。

(2) 命令流方式：

    /PREP7
    /NOPR
    /GO
    /FACET,NORML

用户实际操作过程中，也可通过 GUI 方式(Utility Menu→FILE→IMPORT→…)完成通用图形格式模型文件的导入，导入时应关注以下几点：

(1) Allow Defeaturing 项是否勾选，若选择该项，则模型导入时，允许特

征修改，导入以后实体数据保存；否则限制特征修改，并以中立数据形式保存。

（2）Allow Scale 项是否勾选，若选择该项，则模型导入 ANSYS 后允许比例缩放，否则不允许对模型进行比例缩放。

（3）Geometry Type 项的选择：Solids Only 为按 ANSYS 的体导入，Surface Only 为按 ANSYS 的面导入，Wireframe Only 为按 ANSYS 的线导入，All Entities 包含所有类型的几何实体，默认按 ANSYS 的体导入。在导入模型时需根据模型情况正确选择。

2.6.2　Hypermesh 处理模型与导入

Hypermesh 软件具有强大的前处理功能，划分网格、添加边界条件等十分方便，ANSYS 则拥有强大的有限元求解器，通常也可对复杂模型先在 Hypermesh 软件进行处理生成有限元模型，然后直接利用 ANSYS 求解器进行求解。此方法应注意以下几点：

（1）在 Hypermesh 中将有限元求解器设置为 ANSYS。

（2）在菜单选项中进行单元类型属性的设置，包括材料(material)、单元截面(section)、单元实常数(real)、单元类型(Type)。

（3）在 Hypermesh 进行正常的网格划分。

如果没有对网格进行单元属性的定义，则导入 ANSYS 的就只有节点没有单元，即 ANSYS 中所有单元都必须有单元类型属性，没有单元类型属性的单元是无法导入 ANSYS 中的。

详细内容可参考相关书籍。

2.6.3　局部坐标系创建规则和模型整体旋转

在实际仿真分析中，为了建模方便，通常需建立各种不同的局部坐标系；而对于一些初始模型而言，模型局部部分角度可能不利于仿真求解，故需对模型进行一定角度的旋转。

1. 局部坐标系的创建规则

局部坐标系的创建遵循右手螺旋法则，第一个点到第二个点为 X 轴，第一个点到第三个点为 Y 轴，同时根据右手法则确定 Z 轴的位置及方向。

2. 体或面绕某旋转轴的旋转

步骤一：建立局部坐标系(柱坐标系类型)，保证旋转轴与所建局部坐标系 Y 轴重合，建立完成后定义当前工作坐标系为所建局部坐标系。

步骤二：利用 VGEN 或 AGEN 命令进行模型的旋转，所用到命令流为

　　　AGEN,，Cname,，，，旋转角度,，，，1

　　　VGEN,，Cname,，，，旋转角度,，，，1

VGEN、AGEN 命令一般用于模型的移动、复制、旋转，其使用规则如下：

　　　VGEN, ITIME, N1, N2, NINC, DX, DY, DZ, KINC, NOELEM, IMOVE

　　　AGEN, ITIME, N1, N2, NINC, DX, DY, DZ, KINC, NOELEM, IMOVE

- ITIME：执行 xGEN 命令后生成的模型总数。

- N1、N2、NINC 分别为 xGEN 操作对象的起始编号、终止编号和编号增量，若 N1 为组件名，则 N2、NINC 会被忽略。

- DX、DY、DZ：若为移动或复制，则 DX、DY、DZ 分别为当前工作坐标系三个方向的移动增量；若为旋转（此时激活坐标系应为局部柱坐标系），则 DY 为旋转的角度，DX、DZ 为空。

- KINC：生成两个集之间的关键点编号增量，若为 0 则优先使用最低编号。

- NOELEM：确定执行命令时是否包含节点和单元，若为 0 则包含，若为 1 则不包含。

- IMOVE：若为 0 则表示生成新的集，若为 1 则表示将原先的集移动或旋转到新的位置。

2.6.4　参数化建模和分析

ANSYS 参数化建模包括整体模型参数化建模和局部模型参数化建模。

1. 整体模型参数化建模

复杂模型整体的缩放式参数化建模可采用之前所提到的

　　　VLSCALE, NV1, NV2, NINC, RX, RY, RZ, KINC, NOELEM, IMOVE

和

　　　ALSCALE, NA1, NA2, NINC, RX, RY, RZ, KINC, NOELEM, IMOVE

命令进行整体模型的缩放。若复杂模型参数化不是整体的缩放，则需要对模型各部分分别进行参数化建模，建模时应确定基本尺寸变量参数，然后根据基本尺寸参数导出其他尺寸参数，进而进行整个结构的参数化建模，同时要考虑结构各部分的连接。

2. 局部模型参数化建模

局部模型参数化建模较整体模型参数化建模简单，关键在于确定基本尺寸变量并梳理清楚模型其他尺寸数值与基本尺寸变量之间的数学联系，以此利用

ANSYS 建模命令进行局部模型的参数化建模，其他不需要建模的部分进行移动操作即可，移动时要保证模型各部分之间正确的装配关系。

2.6.5　硬点建立方法

建立硬点通常是为了便于仿真分析中载荷的施加或后处理中结果数据的提取。硬点是一种附属于模型某线或某面上的特殊关键点，网格划分时会在建立硬点的位置强制生成一个节点。作为特殊的关键点，硬点不会改变模型的几何形状和拓扑结构，它不能用拷贝、移动、镜像等对其进行操作。同时存在硬点的面和体都不支持映射网格划分，硬点作为网格划分必须经过的点，在创建时必须考虑其对后续模型网格划分的影响。不正确的创建硬点可能会导致无法划分网格，在实际的操作中需十分注意。建立硬点的命令如下：

HPTCREATE，TYPE，ENTITY，NHP，LABEL，VAL1，VAL2，VAL3

• TYPE：实体的类型。若为 LINE 则表示在线上建立硬点，若为 AREA 则表示在面内建立硬点，不能在面边界上建立硬点。

• ENTITY：线或面的编号。

• NHP：给生成的硬点指定一个编号，缺省时是可以利用的最小硬点编号。

• LABEL：若为 COORD 则通过坐标建立硬点，VAL1、VAL2、VAL3 分别为 X、Y、Z 坐标值；若为 RATIO 则表示通过比率建立硬点，VAL1 为线的比率，VAL2、VAL3 将被忽略。

在批量建立硬点之前，为保证所建硬点编号的连续性，可先进行关键点的合并和压缩编号操作。硬点建立完成之后，可将所建硬点存为一个组件，以方便后续选择。如以下命令流表示在某天线模型某面上创建硬点并将创建的全部硬点定义为组件 POST 的过程：

```
ALLSEL
NUMMRG,KP, , , ,LOW              ! 合并重合的关键点
NUMCMP,KP                        ! 压缩关键点的编号
SHU_DIST＝0.002
HENG_DIST＝0.0015
CMSEL,S,ZHENMIAN_AREA            ! 选择用于创建硬点的面
 * GET,AMID,AREA,0,NUM,MAX       ! 获取面的编号
KSEL,U,,,ALL     ! 反选所有的关键点，保证所显示的只有所创建的硬点
CSYS,11
 * DO,I,1,16,1     ! 采用双层循环，加快创建硬点进程
   * DO,J,1,21,1
     CSYS,11
```

```
HPTCREATE,AREA,AMID,0,COORD,0,－SHU_DIST * I,－HENG_
DIST * J
 * ENDDO
 * ENDDO
CM,POST,KP        ! 将所创建的硬点定义为组件 POST
ALLSEL
CSYS,0
```

2.6.6　常用建模命令

1. 关键点的创建

相关命令流如下：

K，NPT，X，Y，Z　　　　　! 利用坐标生成关键点

KL，NL1，RATIO，NK1　　! 利用比率在线上生成关键点

KNODE，NPT，NODE　　　! 在已有节点处生成关键点

KBETW，KP1，KP2，KPNEW，Type，VALUE

　! 在两个已存在的关键点之间生成一个关键点。Type 若为 RATIO，则生成关
　键点的方式选择关键点之间距离的比值，即(KP1-KPNEW)/(KP1-KP2)，
　若为 DIST，则生成关键点的方式选择输入关键点 KP1 与 KPNEW 之间的
　绝对距离值，且仅限于直角坐标系

KFILL，NP1，NP2，NFILL，NSTRT，NINC，SPACE

　! 在两个关键点间生成一个或多个关键点

KCENTER，Type，VAL1，VAL2，VAL3，VAL4，KPNEW

　! 在由三个位置定义的圆弧中心处生成关键点

示例：

　K,10,1,1,1

表示在坐标(1,1,1)处生成编号为 10 的关键点。

　KL，12，0.5，10

表示在编号为 12 的线 0.5 比例处生成编号为 10 的关键点。

　KNODE，10，10

表示在编号为 10 的节点处生成编号为 10 的关键点。

　KBETW，1，2，20，DIST,0.5

表示在 1、2 关键点之间距离 1 关键点 0.5 处生成编号为 20 的关键点。

2. 线的创建

相关命令流如下：

LSTR，P1，P2　　　　　　　　　　　! 由两点生成直线

L，P1，P2，NDIV，SPACE，XV1，YV1，ZV1，XV2，YV2，ZV2

　　　　　　　　　　　　　　　　　！通过两点生成直线

　　LAREA，P1，P2，NAREA　　　！在面上两个关键点之间生成最短的线

　　LARC，P1，P2，PC，RAD　　　！由三点生成一段圆弧线

CIRCLE，PCENT，RAD，PAXIS，PZERO，ARC，NSEG　！生成圆弧线

　　LFILLT，NL1，NL2，RAD，PCENT　！在具有公共交点的线之间倒圆角

- PCENT：圆中心的关键点。
- RAD：圆弧半径。
- PAXIS：定义圆轴线的关键点。
- PZERO：定义与圆正交平面的关键点。
- ARC：圆弧长度按右手法则。
- NSEG：沿圆周生成线段数。

3. 面的创建

相关命令流如下：

　　A，P1，P2，P3，P4，P5，P6，P7，P8，P9　　　　　！由点生成面

　　AL，L1，L2，L3，L4，L5，L6，L7，L8，L9，L10　！由线生成面

　　AOFFST，NAREA，DIST，KINC　！对面进行偏移，生成另一个面，原始面还在

- NAREA：现有面编号或 all。
- DIST：指定距离，按右手法则由关键点编号确定正法线方向。
- KINC：生成面上关键点编号增量。

4. 生成矩形面或块体

（1）通过中心点和角点生成一个矩形面或块体。相关命令流如下：

　　BLC5，XCENTER，YCENTER，WIDTH，HEIGHT，DEPTH

- WIDTH：定义矩形面或块体宽度，与 X 轴平行。
- HEIGHT：定义矩形面或块体高度，与 Y 轴平行。
- DEPTH：离工作平面的垂直距离即块体深度，默认为 0 则生成平面。

（2）通过两个角点或 Z 方向的深度生成矩形面或块体。相关命令流如下：

　　BLC4，XCORNER，YCORNER，WIDTH，HEIGHT，DEPTH

（3）在工作平面上生成一个矩形面。相关命令流如下：

　　RECTNG，X1，X2，Y1，Y2

5. 生成圆面或圆柱体

（1）在工作平面生成一个圆面或圆柱体。相关命令流如下：

　　CYL4，XCENTER，YCENTER，RAD1，THETA1，RAD2，THETA2，DEPTH

（2）通过端点生成一个圆形区域或圆柱体。相关命令流如下：

CYL5，XEDGE1，YEDGE1，XEDGE2，YEDGE2，DEPTH

（3）以工作平面原点为圆心生成圆形区域。相关命令流如下：

PCIRC，RAD1，RAD2，THETA1，THETA2

6. 生成正多边形或棱柱体

（1）在工作平面生成一个正多边形或棱柱体。相关命令流如下：

RPR4，NSIDES，XCENTER，YCENTER，RADIUS，THETA，DEPTH

- NSIDES：多边形面的边数或棱柱体面数。

- XCENTER、YCENTER、RADIUS：主半径。

- THETA：从工作平面 X 轴到多边形面或棱柱体顶点即生成第一个关键点的角度单位为度。

- DEPTH：离工作平面垂直距离。

（2）以工作平面原点为圆心生成一个规则多边形。相关命令流如下：

RPOLY，NSIDES，LSIDE，MAJRAD，MINRAD

- NSIDES：规则多边形边数。

- LSIDE：规则多边形每条边长度。

- MAJRAD：多边形外接圆半径。

- MINRAD：多边形内接圆半径。

7. 体的创建

相关命令流如下：

V，P1，P2，P3，P4，P5，P6，P7，P8　　　　　　！由点生成体

V，A1，A2，A3，A4，A5，A6，A7，A8，A9，A10　　！由面生成体

BLOCK，X1，X2，Y1，Y2，Z1，Z2　　　　！在工作平面坐标系中产生块体

CYLIND，RAD1，RAD2，Z1，Z2，THETA1，THETA2

　　　　！以工作平面原点为圆心生成圆柱体或部分圆柱体

SPH4，XCENTER，YCENTER，RAD1，RAD2　！在工作平面上生成球体

SPH5，XEDGE1，YEDGE1，XEDGE2，YEDGE2　！由直径端点生成球体

SPHERE，RAD1，RAD2，THETA1，THETA2　！以工作平面为圆心产生球体

CON4，XCENTER，YCENTER，RAD1，RAD2，DEPTH

　　　　！在工作平面上生成一个圆锥体或圆台

- XCENTER、YCENTER：为圆锥体或圆台中心轴在工作平面的坐标值。

- RAD1、RAD2：两底面半径。

- DEPTH：距离工作平面的高度。

CONE，RBOT，RTOP，Z1，Z2，THETA1，THETA2

　　　　！以工作平面的原点为圆心产生一个圆锥体

- RBOT、RTOP：为圆锥体底面和顶面的半径。
- Z1、Z2：为圆锥体在工作平面 Z 方向上坐标值变化范围。
- THETA1、THETA2：为圆锥的起始角和终止角。

　　TORUS, RAD1, RAD2, RAD3, THETA1, THETA2　　！创建一个环体

环体建模参数如图 2.3 所示。

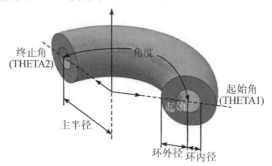

图 2.3　ANSYS 中环体建模参数（环内径、外径和主半径）

- RAD1、RAD2、RAD3：生成环体的三个半径值，可按任意顺序输入，最小值为环内径，最大值为主半径。
- THETA1、THETA2：为环体的起始角和终止角。

2.6.7　实体模型操作

　　对于实体模型的操作主要分为体的生成、复制和移动，通常用于模型的有限元建模。下面对三个常用的操作命令予以介绍，并以示例演示其使用过程以供参考。

　　操作命令 1：

　　　　VOFFST, NAREA, DIST, KINC　　！由给定面沿其法线偏移生成一个体

- NAREA：指定面编号。
- DIST：沿法线方向的距离。
- KINC：关键点编号的增量，若为 0 则由系统自动确定其编号。

示例：已划分网格的面通过偏移生成一个具有三维网格的体。

```
/PREP7
ET,1,PLANE42
ET,2,SOLID45
RECTNG,,2,,1,
ESIZE,0.2,0,
AMESH,1
```

```
TYPE,2
ESIZE,,5,       ! 指定偏移量上划分单元的等分数
VOFFST,1,2,,
```

操作命令 2:

VEXT,NA1,NA2,NINC,DX,DY,DZ,RX,RY,RZ ! 通过给定偏移量由面生成体

- NA1、NA2、NINC:被拖拉面的范围,NA1 可为 ALL 或组件名。
- DX、DY、DZ:激活坐标系中关键点坐标值在三个方向的增量(直角坐标系为 X、Y、Z,圆柱坐标系为 R、θ、Z,球坐标系为 R、θ、φ)。
- RX、RY、RZ:激活坐标系中三个方向的缩放因子(直角坐标系为 X、Y、Z,圆柱坐标系为 R、θ、Z,球坐标系为 R、θ、φ)。

示例:某模型局部的参数化扩展或缩减对应的命令流。

```
* IF,BS_VL,NE,1.5116/6,THEN
* IF,BS_VL,LT,1.5116/6,THEN
VSEL,U,,,ALL                ! 所有体不选,进行后面减操作
VEXT,CENTER_ZVQIAN_AREA, , ,0,−ZXLS,0,,,
VEXT,CENTER_ZVHOU_AREA, , ,0,ZXLS,0,,,
CM,CENTER_ZVSC,VOLU
ALLSEL
CMSEL,S,CENTER_ZUO_VOLU
CMSEL,A,CENTER_ZVSC
VSBV,CENTER_ZUO_VOLU,CENTER_ZVSC
CM,CENTER_ZUO_VOLU,VOLU
VSEL,U,,,ALL                ! 所有体不选,进行后面减操作
VEXT,CENTER_YVQIAN_AREA, , ,0,−ZXLS,0,,,
VEXT,CENTER_YVHOU_AREA, , ,0,ZXLS,0,,,
CM,CENTER_YVSC,VOLU
ALLSEL
CMSEL,S,CENTER_YOU_VOLU
CMSEL,A,CENTER_YVSC
VSBV,CENTER_YOU_VOLU,CENTER_YVSC
CM,CENTER_YOU_VOLU,VOLU
* ELSE
VEXT,CENTER_ZVQIAN_AREA, , ,0,−ZXLS,0,,,
VEXT,CENTER_ZVHOU_AREA, , ,0,ZXLS,0,,,
VEXT,CENTER_YVQIAN_AREA, , ,0,−ZXLS,0,,,
VEXT,CENTER_YVHOU_AREA, , ,0,ZXLS,0,,,
```

```
* ENDIF
* ENDIF
```

操作命令 3：

VGEN, ITIME, NV1, NV2, NINC, DX, DY, DZ, KINC, NOELEM, IMOVE
　　　　　 ! 用于对体的复制或移动，若 IMOVE 为 1 时则只移动实体而不进行复制

示例：某模型一部分结构的移动命令流。

```
/PREP7
ALLSEL
CSYS,11
VGEN, ,RIGHT_VOLU, , ,−(6 * BS_HL−1.216)/2, , , , ,1
CMSEL,S,RIGHT_AREA
ASLV,U
AGEN, ,ALL, , ,−(6 * BS_HL−1.216)/2, , , , ,1   ! 包括面和体的移动操作
```

2.6.8　网格划分与示例

对于已建立的实体模型，需要对其划分网格生成包含节点和单元的有限元模型，作为有限元数值模拟分析过程中至关重要的一步，其直接影响着后续数值计算分析结果的精确性，为了得到高质量的网格，在网格划分过程中一方面要考虑对各物体几何形状的准确描述，另一方面也要考虑对变形梯度的准确描述。

1. 网格划分原则及考虑因素

为正确、合理地建立有限元模型，网格划分时应考虑以下几点。

1）网格数量（或网格精细度）

网格数量直接影响着仿真分析的计算精度和计算时耗，网格数量增加会提高仿真分析的计算精度，但同时计算时耗也会相应增加。当网格数量较少时增加网格，计算精度可明显提高，但计算时耗不会有明显增加；当网格数量增加到一定程度后，再继续增加网格时，精度提高就很小，而计算时耗却大幅度增加（如图 2.4 所示）。所以在确定网格数量时应权衡这两个因素进行综合考虑。

2）网格密度

为了适应应力等计算数据的分布特点，在结构不同部位应采用大小不同的网格。在孔的附近有集中应力，因此在孔的附近划分网格时需要加密；周边应力梯度相对较小的区域则网格划分就应比较稀疏（如图 2.5 所示）。因此，在计算数据变化梯度较大的部位，为了较好地反映数据变化规律，应采用比较密集的网格；而在计算数据变化梯度较小的部位，为减小模型规模，网格应相对稀疏。

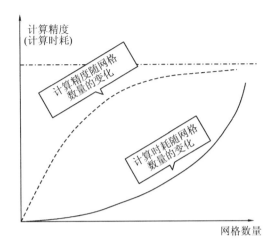

图 2.4　有限元仿真分析计算精度、计算时耗和网格数量之间关系

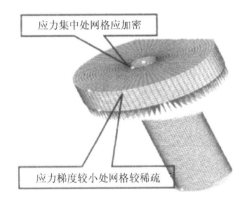

图 2.5　有限元仿真分析网格密度设定

3）单元阶次

单元阶次与有限元的计算精度有着密切的关联，单元一般具有线性、二次和三次等形式，其中二次和三次形式的单元称为高阶单元。高阶单元的曲线或曲面边界能够更好地逼近结构的曲线和曲面边界，且高次插值函数可更高精度地逼近复杂场函数，所以增加单元阶次可提高计算精度。但增加单元阶次的同时网格的节点数也会随之增加，在网格数量相同的情况下由高阶单元组成的模型规模相对较大，因此在使用时应权衡考虑计算精度和时耗。不同单元对离散域的离散效果如图 2.6 所示。

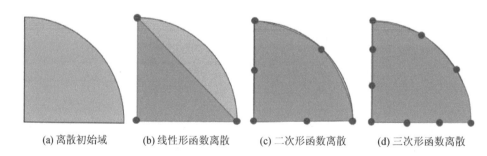

(a) 离散初始域　　　(b) 线性形函数离散　　　(c) 二次形函数离散　　　(d) 三次形函数离散

图 2.6　不同阶次单元对离散域的离散效果示意图

4）单元形状

网格单元形状的好坏对计算精度有着很大的影响，单元形状太差的网格甚至会中止计算，单元形状评价一般包括以下几个指标：

（1）单元的边长比、面积比或体积比，以正三角形、正四面体、正六面体为参考基准。

（2）扭曲度：单元面内的扭转和面外的翘曲程度。

（3）节点编号：节点编号对于求解过程中总刚矩阵的带宽和波前因数有较大的影响，从而影响计算时耗和存储容量的大小。因此合理的节点编号有利于刚度矩阵对称、带状分布等求解效率，从而提高计算速度。

5）单元协调性

单元协调性是指单元上的力和力矩能够通过节点传递给相邻单元。为保证单元协调，必须满足的条件是：

（1）一个单元的节点必须同时也是相邻点，而不应是内点或边界点。

（2）相邻单元的共有节点具有相同的自由度性质。

另外，有相同自由度的单元网格也并非一定协调。

2. 网格划分步骤

在明确网格划分原则及考虑因素后，一般网格划分分为以下三步：

（1）选择划分对象。可通过已建立的组件进行选择（CMSEL 命令），也可利用 GUI 方式进行点选。

（2）分配单元属性。分配单元属性有两种方式，一种是采用"xATT，MAT，REAL，TYPE，ESYS"命令（包含 KATT、LATT、AATT、VATT）进行分配，另一种是通过"TYPE，单元类型号 ＄REAL（SECNUM），实常数号 ＄MAT，材料号"命令流进行分配。

（3）进行网格划分操作。

3. 网格划分方式

ANSYS 提供了智能网格划分和自定义网格划分两种划分方式。

1) 智能网格划分——利用 SMRT 命令进行网格划分

　　SMRTSIZE, SIZLVL, FAC, EXPND, TRANS, ANGL, ANGH, GRATIO,

　　SMHLC, SMANC, MXITR, SPRX　　　　　! 智能网格划分

• SIZLVL：设置整个网格划分时单元大小的等级值，该值控制单元的最小值，若该项有输入值时其他变量无效。其有效输入值为：

① n：激活智能网格划分且设置尺寸等级为 n，该值必须为 1～10 之间的整数，此时其他参数无效。1 表示细网格，10 表示粗网格。

② STAT：列表输出当前"SMRTSIZE"设置。

③ DEFA：恢复"SMRTSIZE"设置为其默认值。

④ OFF：关闭智能网格划分。使用 DESIZE 命令为当前设置。

• FAC：用于计算默认网格尺寸的缩放因子，其设定范围为 0.2～5.0。

• EXPND：网格扩展因子。基于面的边界单元尺寸，可利用 EXPND 对面的内部单元进行尺寸设置，如一个面划分网格之前激活 SMRTSIZE,,,2，则表示允许面的边界单元尺寸大约是内部单元尺寸的 2 倍。若 EXPND 小于 1 则表示面的内部允许更小的单元。EXPND 的设定范围为 0.5～4，默认为 1。

• TRANS：网格过渡因子。用于控制面网格从面的边界到面内部所允许的尺寸变化程度，其值范围在 1～4，默认值为 2（即允许一个单元的尺寸大约是靠近面内部相邻单元的2 倍）。

• ANGL：曲线上低阶单元的最大跨角，默认值为 22.5°，如果网格划分时遇到一些小的空、内圆角等，则可能会超过这个角度限制。

• ANGH：曲线上高阶单元的最大跨角，默认为 30°，如果网格划分时遇到一些小的空、内圆角等，则可能会超过这个角度限制。

• GRATIO：用于相邻性检查的许可增长率，设置范围为 1.2～5.0，推荐取值为 1.5～2.0。

• SMHLC：小孔的粗化选项，若为 ON 则强迫曲率细化，从而导致非常小的单元边界，即在小孔附近进行细化。

• SMANC：小角度的粗化选项，若为 ON 则严格限制在面内进行细化。

• MXITR：设置尺寸迭代的最大次数，默认值为 4。

• SPRX：面相邻细化选项，其值有 OFF（SPRX＝0，对于所有尺寸水平默认值）或 ON（SPRX＝1 或 2），若为 1 则面相邻细化并修改壳单元，若为 2 则面相邻细化但不修改壳单元。

＊使用技巧：此命令在用户实际使用中通常只设定 SIZLVL 即可，其有效值为 1 到 10 之间的整数，值越小网格细密度越高。SMRT,OFF 表示关闭智能网格划分。通常划分时所用命令如下：

> SMRT,自定义值(1~10)
>
> AMESH,ALL 或 VMESH,ALL

2) 自定义网格划分

自定义网格划分，分为自由网格划分和映射网格划分。自由网格划分对单元形状无限制，生成的单元不规则，基本适用于所有的模型；映射网格则要求满足一定的规则，且映射面网格只包含四边形或三角形单元，而映射体单元只包含六面体单元，映射网格生成的单元形状比较规则，映射网格适用于形状规则的体或面。

自定义网格划分通常用到的命令如下：

MSHKEY, KEY　! 指定自由网格划分还是映射网格划分

其中，KEY 若为 0 则表示自由网格划分(默认)，若为 1 则表示映射网格划分，若为 2 则表示可能的话使用映射网格划分，否则就采用自由网格划分。

MSHAPE, KEY, Dimension　! 指定单元形状

• KEY：若为 0，则二维结构采用四边形划分，三维结构采用六面体划分；若为 1，则二维结构采用三角形划分，三维结构采用四面体划分。

• Dimension：确定所划分模型的维数。若为 2D 则表示对面进行划分，若为 3D 则表示对体进行划分。

MSHMID, KEY　! 指定单元中间节点位置

其中，KEY 为 0 时表示中间节点在单元曲线边界上，为 1 时表示中间节点在单元直线边界上，为 2 时表示不生成中间节点。

ESIZE,SIZE,NDIV　! 定义单元边长或线上划分单元的数目

• SIZE：指定单元边长，若此项为空则使用 NDIV。

• NDIV：定义线上划分单元数目，若 SIZE 不为空则此项不使用。

LESIZE,NL1,SIZE,ANGSIZ,NDIV,SPACE,KFORC,LAYER1,LAYER2,KYNDIV
! 为线指定网格尺寸

• NL1：线号，如果为 ALL，则指定所有选中线的网格。

• SIZE：单元边长(程序依据 SIZE 计算分割份数，自动取整到下一个整数)。

• ANGSIZ：弧线时每单元跨过的度数。

• NDIV：线的分割份数。

• SPACE：表示分割线的间隔比率。具体取值及含义如下：

① "＋"：线段尾端间距与首端间距之比；

② "一"：中间间距与两端间距之比；

③ FREE：由其他项控制尺寸。

• KFORC：用来确定将要修改的选择线。具体取值及含义如下：

① 0：仅修改未指定分隔段的线；

② 1：修改所有选定的线；

③ 2：仅修改设置分隔段少于本命令指定值的线；

④ 3：仅修改设置分隔段多于本命令指定值的线。

• LAYER1、LAYER2：层网格控制参数，用来指定内外层网格的厚度。

• KYNDIV：取值 0、ON、OFF 表示不可改变指定尺寸；取值 1、YES、ON 表示对于大曲率或邻接区智能网格划分优先使用。

DESIZE，MINL，MINH，MXEL，ANGL，ANGH，EDGMN，EDGMX，ADJF，ADJM

！控制缺省时单元大小

• MINL：当使用低阶单元时设置每条线上最小单元数，默认为 3。

① 若 MINL＝DEFA，则使用缺省值；

② 若 MINL＝STAT，则列表输出命令的状态；

③ 若 MINL＝OFF，则关闭缺省的单元尺寸设置；

④ 若 MINL＝ON，则激活默认的单元尺寸设置。

• MINH：当使用高阶单元时设置每条线上的最小单元数，默认为 2。

• MXEL：设置线上的最多单元数。

• ANGL：设置曲线上低阶单元的最大跨角，默认值为 $15°$。

• ANGH：设置曲线上高阶单元的最大跨角，默认值为 $28°$。

• EDGMN：设置最小的单元边长值，默认为空。

• EDGMX：设置最大的单元边长值，默认为空。

• ADJF：设置邻近线上最终的纵横比，只有在自由网格划分时使用。

• ADJM：设置邻近线上最终的纵横比，只有在映射网格划分时使用。

4. 单元形状显示命令

网格划分后单元形状(杆、梁、壳单元)显示命令为

/ESHAPE，SCALE

其中，SCALE 为 0 时简单显示线、面单元；为 1 时显示实际的单元形状。

5. 网格划分的三个示例

基于以上对于网格划分介绍，下面以一些网格划分示例展示网格划分过程。

示例 1：对某模型底座进行网格划分——体网格划分。

```
CMSEL,S,DIZUO
SMRT,8
MSHAPE,1,3D
MSHKEY,0
TYPE,2
MAT,3
VMESH,ALL
```

示例 2：对某模型底座肋片进行网格划分——面网格划分。

```
CMSEL,S,Z_LEIPIAN
ESIZE,0.02
SMRT,OFF
MSHAPE,1
MSHKEY,0
SECNUM,2          ! 选择底座肋片厚度实常数
TYPE,1
MAT,6
AMESH,ALL
```

示例 3：对某模型液压杆与转动轴的连接——刚性连接处理。

```
ALLSEL
 *GET,CMN_ALL,NODE,0,NUM,MAX   ! 获取整个模型节点最大编号
CMSEL,S,L_YEYA_D
NSLA,S,1
 *GET,CMN,NODE,0,NUM,MAX        ! 获取所选组件节点最大编号
N,,NX(CMN),NY(CMN),NZ(CMN)     ! 创建编号为 CMN_ALL＋1 的节点
TYPE,3                          ! 3 为单元 MASS21
REAL,2                          ! 2 为单元 MASS21 的实常数
E,CMN_ALL＋1                     ! 在创建节点处建立单元
NSEL,A,,,CMN_ALL＋1
CERIG,CMN_ALL＋1,ALL,UXYZ,,,,   ! 生成刚性单元
ALLS
```

2.6.9　网格单元形状检查与清除

ANSYS 实际使用中，划分的网格质量不一定满足求解的精度要求，可以通过相关命令对网格进行单元形状检查，从而找出质量不好单元所在的位置，然后对有问题网格进行重新划分或局部细化，以此使整个模型的网格质量满足计算要求。

1. 网格单元形状检查

SHPP，Lab，VALUE1，**VALUE**2　　　！网格单元形状检查

Main Menu→Preprocessor→Checking Ctrls→Shape Checking：选择形状检查要进行的检查项目，图 2.7 为"Shape Checking Controls"对话框。

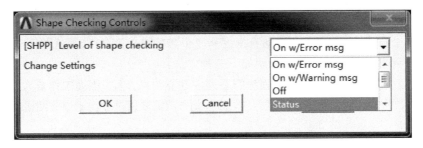

图 2.7　ANSYS "Shape Checking Controls"对话框

Main Menu→Preprocessor→Checking Ctrls→Toggle Checks：选择激活形状检查中要进行的检查项目，图 2.8 为"Toggle Shape Checks" 对话框。

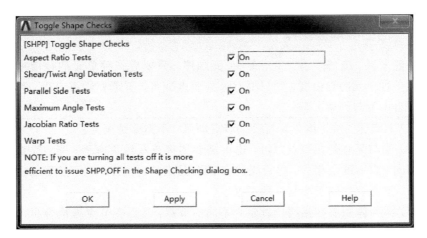

图 2.8　ANSYS"Toggle Shape Checks"对话框

　　SHPP，SUMMARY　　　　　　　　　！查看形状检查结果

　　SHPP，STATUS　　　　　　　　　　！查看形状检查参数限值

2. 网格清除

　　KCLEAR，NP1，**NP**2，**NINC**　　　！清除关键点的网格

　　LCLEAR，NL1，**NL**2，**NINC**　　　！清除线网格

　　ACLEAR，NA1，**NA**2，**NINC**　　　！清除面网格

　　VCLEAR，NV1，**NV**2，**NINC**　　　！清除体网格

2.7　　不同单元间的常见连接问题

2.7.1　壳单元与实体单元连接不匹配处理

实体单元具有 3 个自由度，壳单元(采用壳单元可以缩小模型的求解规模)具有 6 个自由度(包含 3 个平动自由度和 3 个转动自由度)。处理这两种单元类型之间自由度不匹配问题可采用如下三种方法：

（1）约束方程法。约束方程法需要逐一建立约束方程，因而工作量大，尤其在节点数量多的时候几乎是不可行的，而且此方法需要通过适当地划分网格以在实体与板壳交接处共用节点。

（2）刚性连接法。刚性连接法通过定义刚性区域从而实现对自由度不连续问题的处理，但有时也会导致结构过刚的问题。

（3）MPC(Multipoint Constraint，多点约束方程)法。MPC 法可有效解决不协调网格之间的连接问题，且可以自动处理实体、壳、梁之间的任意装配连接。

2.7.2　自由度耦合操作

一般来说，按"杆、梁、壳、体"单元顺序，只要后一种单元的自由度完全包含前一种单元的自由度，则只要有公共节点即可，不需要约束方程，否则需要耦合自由度与约束方程。

（1）杆与梁、壳、体单元有公共节点即可，不需要约束方程。

（2）梁与壳有公共节点即可，也不需要约束或写约束方程；壳、梁自由度数目相同，自由度也相同，尽管壳的 ROTZ 是虚的自由度，也不妨碍二者之间的关系，这有点类同于梁与杆的关系。

（3）梁与体则要在相同位置建立不同的节点，然后在节点处耦合自由度与施加约束方程。

（4）壳与体也要在相同位置建立不同的节点，然后在节点处耦合自由度与施加约束方程。

ANSYS 中，当需要迫使两个或多个自由度取得相同(但未知)值时，可以将这些自由度耦合在一起。耦合自由度集包含一个主自由度和一个或多个其他自由度，命令如下：

> **CP，NSET，Lab，NODE1，NODE2，NODE3，NODE4，NODE5，NODE6，NODE7，**
> **NODE8，NODE9，NODE10，NODE11，NODE12，NODE13，NODE14，NODE15，**
> **NODE16，NODE17　　! 定义一个耦合自由度集**

示例：

    CP,1,UX,1,21　　　! 耦合节点 1 和节点 21X 方向自由度

    CP,2,UY,1,21　　　! 耦合节点 1 和节点 21Y 方向自由度

    CP,3,UZ,1,21　　　! 耦合节点 1 和节点 21Z 方向自由度

相比于耦合操作，约束方程法更为通用，其命令如下：

CE，NEQN，CONST，NODE1，Lab1，C1，NODE2，Lab2，C2，NODE3，Lab3，C3

例如，耦合操作法如下：

    ROTZ2 = (UY3 − UY1)/10，即 0 = UY3 − UY1 − 10 ∗ ROTZ2

约束方程法表示如下：

    CE,1,0,3,UY,1,1,UY,−1,2,ROTZ,−10

2.7.3　生成刚性区域

CERIG 命令通过自动生成约束方程从而生成一个刚性区域，刚性区域内各节点变形保持一致。

    CERIG，MASTE，SLAVE，Ldof，Ldof2，Ldof3，Ldof4，Ldof5　! 定义刚性区域

- MASTE：刚性区域主节点。
- SLAVE：刚性区域从节点，若为 ALL 则为所有已选择的节点。
- Ldof：可为 ALL、UXYZ、RXYZ、UX、UY、UZ、ROTX、ROTY、ROTZ。
- Ldof2、Ldof3、Ldof4、Ldof5：附加自由度，当 Ldof 不是 ALL、UXYZ 或 RXYZ 时使用。

示例：某模型转动部分刚性连接处理。

```
ALLSEL
* GET,CMN_ALL,NODE,0,NUM,MAX
CMSEL,S,LEFTLINK
NSLA,S,1
* GET,CMN,NODE,0,NUM,MAX
N,,NX(CMN),NY(CMN),NZ(CMN)
TYPE,3
REAL,2
E,CMN_ALL+1
NSEL,A,,,CMN_ALL+1
CERIG,CMN_ALL+1,ALL,UXYZ, , , ,        ! 生成刚性单元
ALLSEL
```

2.7.4　MPC 法

MPC(Multipoint Constraint)法，即多点约束方程法，该方法可将不连续、自由度不协调的单元网格连接起来，连接边界上的节点不需要完全一一对应。

MPC 能够连接的模型一般有以下几种：

SOLID 模型— SOLID 模型

SHELL模型—SHELL 模型

SOLID 模型—SHELL 模型

SOLID 模型—BEAM 模型

SHELL模型—BEAM 模型

在 ANSYS 中，实现 MPC 技术有以下三种途径。

（1）通过 MPC184 单元定义模型的刚性或者二力杆连接关系。定义 MPC184 单元模型与定义杆的操作完全一致，而 MPC 单元的作用可以是刚性杆（三个自由度的连接关系）或者刚性梁（六个自由度的连接关系）。

（2）利用约束方程菜单路径 Main Menu→preprocessor→Coupling/Ceqn→shell/solid Interface 创建壳与实体模型之间的装配关系。

（3）利用 ANSYS 接触向导功能定义模型之间的装配关系。选择菜单路径 Main Menu→preprocessor→Modeling→Creat→Contact Pair，弹出一系列的接触向导对话框，按照提示进行操作，在创建接触对前，单击 Optional setting 按钮弹出 Contact properties 对话框，将 Basic 选项卡中的 Contact algorithm 即接触算法设置为 MPC Algorithm。或者，在定义了接触对后，再将接触算法修改为 MPC Algorithm，就相当于定义 MPC 多点约束关系进行多点约束算法。

2.7.5　接触处理

ANSYS 中可以处理三种接触方式：面面接触、点面接触和点点接触。一般也可以通过接触来处理模型不同类型单元之间自由度不连续的问题。有限元模型通过指定的接触单元来识别可能的接触方式。接触单元是覆盖在分析模型接触面上的一层单元。ANSYS 中接触单元类型如表 2.2 所示（各接触单元详细的单元特性和关键字设置可查看 ANSYS HELP 文件）。

表 2.2　ANSYS 中的接触单元

	点面接触单元	面面接触单元	线面接触单元	面面接触单元
TARGE	170	170	170	169
CONTA	175	173/174	177	171/172
维度	2D/3D	3D	3D	2D

（1）点点接触单元：点点接触单元主要用于模拟点与点的接触行为，为了使用点点接触行为，需要预先知道接触位置，这类接触问题只适用于接触面之间有较小相对滑动的情况。

（2）点面接触单元：点面接触单元主要用于给点面的接触行为建模。面既可以是刚性体也可以是柔性体。使用这类接触单元，不需要预先知道确切的接触位置，接触面之间也不需要保持一致的网格，并且允许有较大的变形和大的相对滑动。另外可以通过把表面指定为一组节点，从而用点面接触来代表面面的接触。

（3）面面接触单元：ANSYS 支持刚体-柔体的面面接触单元，将刚性面作为目标面，柔性面作为接触面。

一个目标单元和一个接触单元叫作一个接触对，有限元程序通过一个共享的实常数号来识别接触对。为了建立接触对，要给目标单元和接触单元指定相同的实常数号。需要注意的是，接触面的外法线方向与目标面的外法线方向必须互指，即接触面的外法线方向必须指向目标面，同时目标面的外法线方向也必须指向接触面，否则在开始计算时，程序可能会认为有过度侵入，而很难找到初始解，一般情况下程序会立即停止执行。法线方向可用/PSYMB,ESYS,1进行检查，如果目标面外法线方向不指向对应面，选择该单元并采用命令 ESURF, REVE 反转表面法线方向，或采用命令 ENORM 重新定义单元方向。

接触目标面和接触面的确定规则：

刚柔接触模型：刚性面定义为目标面，柔性面定义为接触面。

柔柔接触模型：

① 凸面定义为接触面，凹面定义为目标面。

② 细网格面定义为接触面，粗网格面定义为目标面。

③ 较软的面定义为接触面，较硬的面定义为目标面。

④ 较小的面定义为接触面，较大的面定义为目标面。

⑤ 高阶单元面定义为接触面，低阶单元面定义为目标面。

接触处理时针对不同接触类型，单元关键字推荐设置如下：

（1）实体-实体连接时接触单元关键字推荐设置。

K2＝2(多点约束法 MPC)

K4＝2(与目标面垂直的接触法线的节点)

K5＝1(闭合间隙)

K9＝1(忽略几何穿透/间隙和偏移)

K12＝5(总是黏结)

(2) 实体-板壳连接时接触单元关键字推荐设置。

实体单元节点具有 3 个平动自由度，板壳单元节点具有 3 个平动自由度和 3 个转动自由度。为确保自由度协调，可根据实体与板壳连接的具体情况，选用不同的连接方法。可采用的方法有节点耦合和 MPC 算法。

实体单元表面为目标单元 TARGE170，接触单元为壳单元边界。仅需设置接触单元CONTA 175关键字，推荐设置如下：

K2＝2(多点约束法 MPC)

K5＝1(闭合间隙)

K9＝1(忽略几何穿透/间隙和偏移)

K11＝1(考虑壳体厚度影响)

K12＝5(总是黏结)

(3) 实体-梁连接时接触单元关键字推荐设置。

实体单元节点具有 3 个平动自由度，梁单元节点具有 3 个平动自由度和 3 个转动自由度。为确保自由度协调，可根据实体与梁连接的具体情况，选用不同的连接方法。可采用的方法有刚/柔性接触和 MPC 算法。

刚/柔性接触：可用 MPC184 刚性梁单元连接梁的端点和实体节点，形成十字连接。

MPC 算法：相对于刚/柔性连接，MPC 算法比较复杂，需要定义一个目标单元(位于梁的端点)和一组接触单元 CONTA173/CONTA174(覆盖于实体单元表面)，并设置相应的单元选项和实常数。ANSYS 中称这种 MPC 算法为 surface-based constraints。MPC 算法对于单元关键字的设置如下：

TARGE170 关键字设置：

K2＝1(用户自定义)

K4＝111111(表示选中 ROTZ,ROTY,ROTX,UZ,UY,UX 自由度)

CONTA173/CONTA174 单元关键字设置：

K2＝2(多点约束法 MPC)

K4＝1(分布式约束)或 K4＝2(刚性约束)

K5＝1(关闭缝隙)

K9＝1(忽略几何穿透/间隙和偏移)

　　　　K11＝1(考虑壳体厚度影响)

　　　　K12＝5(总是黏结)

　(4) 板壳–板壳连接时接触单元关键字推荐设置。

　　与实体单元内连接类似，ANSYS 使用目标单元 TARGE170 和接触单元 CONTA173/CONTA174 定义 MPC 算法。仅需设置接触单元的单元选项。

　　　　K2＝2(多点约束法 MPC)

　　　　K4＝2(与目标面垂直的接触法线的节点)

　　　　K5＝1(关闭缝隙)

　　　　K9＝1(忽略几何穿透/间隙和偏移)

　　　　K11＝1(考虑壳体厚度影响)

　　　　K12＝5(总是黏结)

　(5) 板壳–梁连接时接触单元关键字推荐设置。

　对于目标单元 TARGE170 关键字设置：

　　　　K2＝1(用户自定义)

　　　　K4＝111111(表示选中 rotz,roty,rotx,uz,uy,ux 自由度)

　对于 CONTA173/CONTA174 单元关键字设置：

　　　　K2＝2(多点约束法 MPC)

　　　　K4＝0(刚性约束)或 K4＝1(分布式约束)

　　　　K5＝1(关闭缝隙)

　　　　K9＝1(忽略几何穿透/间隙和偏移)

　　　　K11＝1(考虑壳体厚度影响)

　　　　K12＝5(总是黏结)

　接触单元关键字设置(K2 关键字用于确定选择接触算法)：

　　　　K2＝0(默认选择增强的拉格朗日法)

　　　　K2＝1(罚函数法)

　　　　K2＝2(多点约束法 MPC)

　　　　K2＝3(接触法向使用拉格朗日乘子法，接触切向使用罚函数法)

　　　　K2＝4(纯拉格朗日乘子算法)

2.8　单元类型选择

　　单元类型的选择，与要解决的问题本身密切相关。在选择单元类型前，首先应对问题本身有非常明确的认识，然后对于每一种单元类型，要明确其单元特性及使用条件，从而根据实际使用需求正确合理选择单元类型。

2.8.1　杆单元和梁单元的选择

杆单元只能承受沿着杆件方向的拉力或者压力，杆单元不能承受弯矩，这是杆单元的基本特点。梁单元则既可以承受拉力，压力，还可以承受弯矩。如果结构中要承受弯矩，则不能选杆单元。

对于梁单元，常用的有 BEAM3、BEAM4、BEAM188 这三种，它们的区别为：

（1）BEAM3 是 2D 的梁单元，只能解决二维的问题。

（2）BEAM4 是 3D 的梁单元，可以解决三维的空间梁问题。

（3）BEAM188 是 3D 梁单元，可以根据需要自定义梁的截面形状。

2.8.2　薄壁结构的壳单元等效处理

对于薄壁结构，最好是在面简化后选用 SHELL 壳单元进行处理，SHELL单元可以极大地减少模型计算量。若采用实体单元处理则会极大地增加模型计算量，而且以实体单元处理薄壁结构承受弯矩的时候，如果在厚度方向的单元层数太少，则结果误差比较大，反而不如 SHELL 单元计算准确。

2.8.3　实体单元选择

ANSYS 中提供了多种实体单元类型，大体上可分为四面体单元如图 2.9所示和六面体单元如图 2.10 所示。此两种单元又可进一步划分为带中间节点的高阶单元和不带中间节点的低阶单元，其中六面体单元和带中间节点的四面体单元计算精度比较高，区别是六面体单元（8 节点单元）比带中间节点四面体单元（10 节点单元）计算规模小。通常对于复杂的结构很难画出好的六面体单元，但却很容易画出带中间节点的四面体单元，故对于实体单元的选择可总结如下：复杂结构选用带中间节点的四面体单元，可优先选择 SOLID187 单元；简单结构选用六面体单元，可优先选择 SOLID185 单元。

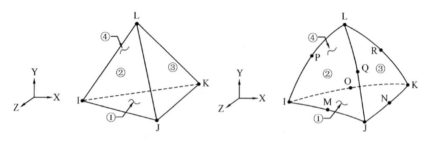

(a) SOLID185单元(低阶四面体单元)　　　(b) SOLID187单元(高阶四面体单元)

图 2.9　ANSYS 四面体单元

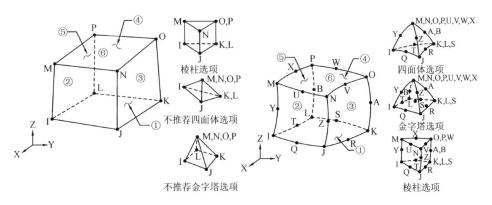

(a) SOLID185单元(低阶六面体单元)　　(b) SOLID187单元(高阶六面体单元)

图 2.10 ANSYS 六面体单元

对于 ANSYS 初学者而言，实体网格划分时容易选用六面体单元，但是在划分网格的时候，由于结构比较复杂，六面体网格便退化成四面体。此种情况下计算出来的结果精度是非常糟糕的，有时候即使单元划分的很细，计算精度也会很差。这种情况在选择实体单元类型时是要尽量避免的。

第3章　加载与仿真求解技术

建立有限元模型之后，就可以根据结构在实际工程中的应用情况为其指定位移边界和载荷，然后根据其求解类型选择合适的求解器进行求解，以此检查结构对一定载荷条件的响应。本章从载荷施加及不同分析类型的分析流程角度，详细介绍不同载荷施加方式，不同分析类型的仿真分析流程和其中应注意的技术要点。

3.1　定义分析类型和求解选项

有限元模型建立完成之后，就需要进行载荷及边界条件的定义，然后进行求解。ANSYS 中载荷及边界条件定义既可以在前处理/PREP7 模块进行，也可以在求解/SOLU 模块进行。

3.1.1　分析类型确定

　　　　ANTYPE, Antype, Status, LDSTEP, SUBSTEP, Action, —, PRELP　！指定分析类型
* Antype：指定分析类型，默认为上一次指定的分析类型，未指定则为静态分析。具体取值及含义如下：
　① STATIC 或 0 ——静态分析；
　② BUCKLE 或 1 ——稳定性分析；
　③ MODAL 或 2 ——模态分析；
　④ HARMIC 或 3 ——谐响应分析；
　⑤ TRANS 或 4 ——瞬态动力学分析；
　⑥ SUBSTR 或 7 ——子结构分析；
　⑦ SPECTR 或 8 ——谱分析。
* Status：指定分析状态。
　① 若为 NEW，指定一次新的分析。
　② 若为 REST，指定为前一次分析的重新启动。
* LDSTEP：在开始多点重启之前指定载荷步。
* SUBSTEP：在开始多点重启之前指定载荷子步数。

- Action：指定多点重启的方式。

示例：

ANTYPE，TRANS

表示定义分析类型为瞬态动力学分析。

TRNOPT，Method，MAXMODE，--，MINMODE，MCout，TINTOPT，VAout，
DMPSFreq　　　　　　　　! 指定瞬态分析选项

- Method：瞬态分析求解方法。有 FULL(完全)方法、REDUC(缩减)方法、MSUP(模态重叠)方法以及 VT(变更技术)法。
- MAXMODE：当 Method 为 MSUP 时，用来计算响应的最大模态数。
- MINMODE：Method 为 MSUP 使用的最小模态数，默认值为 1。
- MCout：模态坐标系输出控制，若为 NO 则不输出(默认)，否则输出。
- TINTOPT：瞬态分析时间积分方法。若为 NMK 或者 0，则采用 Newmark 方法(默认)，若为 HHT 或者 1，则采用 HTT 方法(完全法瞬态动力学分析时才有效)。
- VAout：速度和加速度输出控制(模态叠加法的瞬态动力学分析时有效)。若为 NO，则不输出速度和加速度(默认)；若为 YES，则输出速度和加速度。
- DMPSFreq：利用输入的结构阻尼计算等效黏性阻尼时的平均激励频率。

示例：

TRNOPT,FULL

LUMPM，Key　　　! 指定一个集中质量公式

其中，Key 若为 OFF，则使用与单元相关的质量矩阵公式(默认)，若为 ON，则使用集中质量公式。

3.1.2　求解控制与方式

1. 求解控制

OUTRES，Item，Freq，Cname，—，NSVAR，DSUBres　! 控制写入数据库结果

- Item：确定写入到数据库和文件中的内容。若为 ALL，则写入除 SVAR 和 LOCI 记录以外的所有内容(默认方式)；若为 BASIC，则将 NSOL、RSOL、NLOAD、STRS、FGRAD 和 FFLUX 记录写入结果文件和数据库中。
- Freq：写入内容的频率。若为 n，则将载荷步中每隔 n 个子步的内容写入数据库或文件；若为 NONE，则禁止写入这个载荷步任何内容；若为 ALL，则写入每个子步内容。

示例：

OUTRES,ALL,ALL

表示将所有信息都写入数据库。

OUTPR,Item,Freq,Cname　　　! 控制结果的输出

其中，Item 为控制输出内容，有 BASIC（基本量）（默认选项）、NSOL、RSOL、ESOL、NLOAD、VENG、ALL（包含以上所有结果）选项。

示例：

OUTPR，ALL，ALL

NLGEOM，Key　! 大变形效应，1 为打开，0 为关闭

PSTRES，Key　! 预应力效应，1 为打开，0 为关闭，默认不包含预应力

AUTOTS，Key　! 自动时间步长跟踪或载荷步跟踪，OFF 为关闭，ON 为打开

DELTIM，DTIME，DTMIN，DTMAX，Carry　! 在本载荷步中指定时间步长大小

- DTIME：时间步长值。若使用了自动时间跟踪，则 DTIME 就是子步的开始时间。
- DTMIN：若使用自动时间跟踪，则为最小的时间步长。
- DTMAX：若使用自动时间跟踪，则为最大的时间步长。
- Carry：继承时间步长选项。若为 OFF，则使用 DTIME 作为每个载荷步开始处的时间步长；若为 ON，如果使用了自动时间跟踪，则将从以前载荷步中得到的最后时间步长作为时间步长的开始。

TIME，TIME　　! 为载荷步设置时间，TIME 指定载荷步结束时间

NSUBST，NSBSTP，NSBMX，NSBMN，Carry　! 指定载荷步中所需要的子步数

KBC，Key　　! 指定载荷步为阶跃还是斜坡，0 为斜坡载荷，1 为阶跃载荷

TREF，TREF　　! 为热应变计算指定参考温度

其中，TREF 为用于热膨胀的参考温度，若没有用命令"TUNIF"指定均布温度，则该值也可作为均布温度使用，其默认值为 0.0 摄氏度。

TIMINT，Key，Lab　　! 打开瞬态效应

若为 OFF，则不使用瞬态效应（即为静态或稳态）；若为 ON，则包含瞬态（质量或惯性）效应。

ANSYS 瑞雷阻尼定义：$C = \alpha M + \beta K$，阻尼不能在静态或稳定性分析中使用。

ALPHAD，VALUE　　! 定义质量阻尼

BETAD，VALUE　　! 定义刚度阻尼

比例阻尼（瑞雷阻尼）在实际分析中的设置命令流如下：

/POST1

```
* GET,FRQ1,MODE,1,FREQ
* GET,FRQ2,MODE,2,FREQ
DAMPRATIO=0.05
PI=ACOS(-1)
FRQ1=FRQ1 * 2 * PI
FRQ2=FRQ2 * 2 * PI
ALPHAD,2 * DAMPRATIO * FRQ1 * FRQ2/( FRQ1+FRQ2)
BETAD, 2 * DAMPRATIO/( FRQ1+FRQ2)
```

EQSLV，Lab，TOLER，MULT，—，KeepFile ！指定一个方程求解器

• Lab：FRONT(直接波前法求解器)、SPARSE(稀疏矩阵直接法，适用于实对称和非对称的矩阵，可在 STATIC、HARMIC(仅完全法)、Trans(仅完全法)、SUBSTR、PSD 谱分析类型中使用，但 SPARSE 耗内存)、JCG(雅克比共轭梯度迭代求解器)、ICCG(不完全的 Cholesky 共轭梯度迭代求解器)、QMR(拟最小残余迭代求解器)、PCG(预条件共轭梯度迭代求解器)、AMG(代数多重网格迭代方程求解器)、ITER(自动选择一个迭代求解器)、DSPARSE(分布式稀疏直接法)，各种求解器可根据实际情况灵活选取。

• TOLER：求解器误差值，对于具有对称矩阵的静态分析默认是 1.0E−8，对于非对称静态分析或谐分析，默认值是 1.0E−6。

• MULT：收敛计算中控制所完成最大迭代次数的乘数，当求解控制打开时为 2.0，关闭时为 1.0。

* 使用提示：求解器的不同选择会影响求解的速度和精度。

2. 求解方式

对于单载荷步求解，ANSYS 通过执行 SOLVE 命令即可。对于多载荷步求解有两种方式，一是多步求解法，该方法比较直接，在每完成一个载荷步以后便执行 SOLVE 命令；二是载荷步文件法，求解前将定义好的每一载荷步写入(LSWRITE)载荷步文件，最后执行 LSSOLVE 命令进行求解。命令格式如下：

LSSOLVE，LSMIN，LSMAX，LSINC ！载荷步文件法求解命令流

3.2 载 荷 施 加

ANSYS 中对于不同的分析类型所施加的载荷形式也不同，载荷可以施加在实体模型(几何模型)或有限元模型(单元和节点)上。若施加在实体模型上，ANSYS 求解计算时会自动将实体模型上的载荷转换到相应的节点和单元上，

施加于实体模型的载荷不受单元网格划分的影响；若施加在有限元模型上，则直接施加在节点或单元上，位置明确，但模型网格变化时则需要重新加载载荷。两种施加方式各有优缺点，用户可根据实际情况灵活选择。总体上ANSYS中施加载荷可归结为以下 6 类：

（1）自由度约束(DOF constraint)：将某个自由度用已知值固定，一般用于确定模型边界条件，结构分析中约束通常为位移，热分析中可以为温度和热通量。

（2）集中载荷(Concentrated Loads)：施加在有限元模型节点上的集中载荷，结构分析中为施加于关键点或节点上的力、力矩，热分析中可为热导率。

（3）表面载荷(Surface Loads)：施加在某个表面上的分布载荷，结构分析中通常为压力，热分析中通常为热对流。

（4）体载荷(Body Loads)：作用在体积内的载荷，热分析中通常为内生成热。

（5）惯性载荷(Inertia loads)：由物体的惯性引起的载荷，主要用于结构分析中。

（6）耦合场载荷(Coupled-field loads)：将一种分析结果作为另一种分析的载荷，如热应力耦合分析中热分析得到的节点温度作为结构分析的载荷。

3.2.1　常见载荷形式及其标识

ANSYS 中，不同学科的载荷形式是不一样的，结构分析中常见载荷有位移、力、压力、温度(热应力)和重力等；热分析中常见的载荷形式有温度、热流速率、对流、无限远面等；流体分析中常见的载荷有压力、流动速率、阻抗等。载荷形式及其标识总结见表 3.1。

表 3.1　ANSYS 常见载荷形式及其标识

分析类型	约束	集中载荷	面载荷	体载荷
结构分析	平移自由度 UX/UY/UZ 转动自由度 ROTX/ROTY/ROTZ	集中力载荷 (FX/FY/FZ) 集中力矩 (MX/MY/MZ)	压力 PRES	温度 TEMP 流量 FLUE
热分析	温度 TEMP	热流量 HEAT	对流 CONV 热流量 HFLUX 无限远面	热生成 HGEN
流体分析	流速 VX/VY/VZ 压力 PRES 紊流动能 ENKE	流动速率 FLOW	流体结构界面 FSL、阻抗 IMPD	热生成 HGEN 力密度 FORC

3.2.2 模型局部部分加速度的施加

对于实际的仿真分析而言，有时可能会遇到对模型各部分施加不同加速度载荷的情况，而常用的 ACEL 命令是对模型整体施加全局坐标系的加速度载荷，在实际应用中无法应用于此种情况的载荷施加，此时便可利用 CMACEL 命令进行局部加速度载荷的施加。具体命令流及使用要点如下：

      CMACEL，CM-NAME，X-VALUE，Y-VALUE，Z-VALUE   ! 定义组件平移加速度
- CM-NAME：单元组件名称。
- X-VALUE、Y-VALUE、Z-VALUE：全局坐标系下三个方向的加速度。

使用提示：加速度在 ANSYS 中作为惯性载荷，施加时应注意施加方向，例如施加正的 Y 向加速度模拟的是负方向的重力场。同时需要特别注意，此命令是用于指定单元组件的平移加速度，CM-NAME 代表的是单元组件名而不是节点组件名，同时施加加速度是在全局直角坐标系中施加的。

ANSYS 中可以定义加速度的分析类型有：
（1）静态分析（ANTYPE，STATIC）。
（2）完全法或模态叠加法的谐响应分析（ANTYPE，HARMIC）。
（3）完全法或模态叠加法的瞬态动力学分析（ANTYPE，TRANS）。
（4）子结构分析（ANTYPE，SUBSTR）。

3.2.3 热分析载荷的施加

天线作为机电热耦合的复杂电子装备，热载荷可能会导致电子元器件失效或者天线阵面产生热变形，这些都会对天线电性能产生一定影响，故在雷达天线的研发设计过程中，热仿真分析也是一个不可忽视的环节。ANSYS 中热载荷施加方式和热载荷类型及代号分别如表 3.2、表 3.3 所示。

表 3.2 ANSYS 中热载荷施加方式

载荷类型	载荷分类	实体模型载荷	有限元模型载荷
温度	约束	在关键点施加	在节点施加
		在线上施加	
		在面上施加	
热流率	集中力	在关键点上施加	在节点施加

续表

载荷类型	载荷分类	实体模型载荷	有限元模型载荷
对流	面载荷	在线上(2D)施加	在节点施加
		在面上(3D)施加	在单元上施加
热流	面载荷	在线上(2D)施加	在节点施加
		在面上(3D)施加	在单元上施加
热生成率	体载荷	在关键点施加	在节点施加
		在面上施加	在单元上施加
		在体上施加	在单元上施加

表 3.3　ANSYS 中热载荷类型及代号

项　　目	国际单位	类　型	ANSYS 代号
功率(热流率)	W	集中力	HEAT(F)
热流密度	W/m²	面载荷	HFLUX(SFA)
生热速率	W/m³	体载荷	HGEN(BF)
导热系数	W/(m · K)	材料参数	KXX(MP)
对流系数	W/(m² · K)	面载荷	HF(SF)
比热	J/(kg · K)	材料参数	C(MP)

3.2.4　对称(反对称)边界条件施加

当模型具有对称性(反对称性)时，为了减小模型和减少计算量，通常选取模型的一部分进行计算，但对称轴处的约束情况却未知(如位移可能为 0，也可能不为 0)，使用对称边界条件后 ANSYS 程序将会自动计算其约束情况。力学概念中，若载荷在平面内绕对称轴旋转 180 度后作用点重合且作用方向相反则是反对称载荷，如果载荷的作用点重合且作用方向相同则是正对称载荷。对称边界条件和反对称边界条件在 ANSYS 中的定义如下：

(1) 对称边界条件：在结构分析中是指不能发生对称面外(out-of-plane)的移动(translations)和对称面内(in-plane)的旋转(rotations)。

(2) 反对称边界条件：在结构分析中是指不能发生对称面内(in-plane)的移动(translations)和对称面外(out-of-plane)的旋转(rotations)。

对于位移自由度，施加对称或反对称边界条件生成的约束情况如表 3.4 所示。

表 3.4　ANSYS 中施加对称与反对称边界条件后的位移约束情况

方向	SYMM		ASYM	
	2D	3D	2D	3D
X	UX，ROTZ	UX，RPTZ，ROTY	UY	UY，UZ，ROTX
Y	UZ，ROTZ	UY，RPTZ，ROTX	UX	UX，UZ，ROTY
Z	—	UZ，RPTX，ROTY		UX，UY，ROTZ

结构分析中施加对称或反对称边界条件示意图如图 3.1 所示。

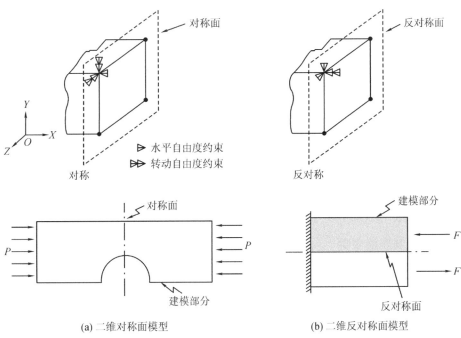

(a) 二维对称面模型　　　　　　　　(b) 二维反对称面模型

图 3.1　ANSYS 结构分析中对称和反对称边界条件

ANSYS 中可通过菜单 Solution→Define Loads→Apply→Structural→Displacement→Symmetry B. C. /Antisymm B. C. 进行对称(反对称)边界条件的施加，也可通过以下命令进行施加：

　　　　DSYM，Lab，Normal，KCN　　　　　！施加对称或反对称边界条件

• Lab：定义对称边界条件的方式。Lab＝SYMM 为对称约束，Lab＝ASYM

为反对称约束。

  • Normal：确定约束的表面方向，假定与 KCN 坐标系的坐标方向垂直。
具体取值及含义如下：

① X——表面与 X 方向垂直（默认），非直角坐标系中为 R 方向。

② Y——表面与 Y 方向垂直，非直角坐标系中则为 θ 方向。

③ Z——表面与 Z 方向垂直，球形或环形坐标系中为 φ 方向。

  • KCN：用来定义约束表面的整体或局部坐标系的编号。

3.2.5 常用的载荷施加命令

1. 施加自由度约束

D，Node，Lab，VALUE，VALUE2，NEND，NINC，Lab2，Lab3，Lab4，Lab5，
Lab6   ! 在节点上施加自由度约束

DK，KPOI，Lab，VALUE，VALUE2，KEXPND，Lab2，Lab3，Lab4，Lab5，Lab6
                                            ! 在关键点施加自由度约束

DL，LINE，AREA，Lab，Value1，Value2   ! 在线上施加自由度约束

DA，AREA，Lab，Value1，Value2   ! 在面上施加自由度约束

2. 施加集中载荷

F，NODE，Lab，VALUE，VALUE2，NEND，NINC   ! 在节点上施加集中载荷

FK，KPOI，Lab，VALUE，VALUE2   ! 在关键点上施加集中载荷

3. 施加表面载荷

SFL，Line，Lab，VALI，VALJ，VAL2I，VAL2J   ! 在线上施加面载荷

SFA，Area，LKEY，Lab，VALUE，VALUE2   ! 在面上施加面载荷

SF，Nlist，Lab，VALUE，VALUE2   ! 在节点上施加面载荷

SFE，Elem，LKEY，Lab，KVAL，VAL1，VAL2，VAL3，VAL4
                                            ! 在单元上施加面载荷

SFBEAM，Elem，LKEY，Lab，ValI，ValJ，Val2I，Val2J，IOFFST，JOFFST，LENRAT
                                            ! 在梁单元上施加面载荷

4. 施加体载荷

BFL，Line，Lab，VAL1，VAL2，VAL3，VAL4   ! 在线上施加体载荷

BFA，Area，Lab，VAL1，VAL2，VAL3，VAL4   ! 在面上施加体载荷

BFV，Volu，Lab，VAL1，VAL2，VAL3，PHASE   ! 在体上施加体载荷

> **BFK，Kpoi，Lab，VAL1，VAL2，VAL3，PHASE**　! 在关键点上施加体载荷
> **BFE，Elem，Lab，STLOC，VAL1，VAL2，VAL3，VAL4** ! 在单元上施加体载荷
> **BFUNIF，Lab，VALUE**　! 所有节点施加均匀的体载荷
> **TUNIF，TEMP**　　! 所有节点定义相同的温度载荷

5. 施加耦合场载荷

命令流：

> **LDREAD，Lab，LSTEP，SBSTEP，TIME，KIMG，Fname，Ext，—**
> 　! 从一个结果文件读出数据作为载荷施加到实体上

其中：

• Lab：定义有效载荷。对于雷达天线分析而言，通常为热分析温度 TEMP，加载后用于热应力和热变形计算，也可为 TEMS、FORC、HGEN、HFLU、EHFLU、JS、PRES、REAC、HFLM 等。

• LSTEP：将要读入的载荷步数据，默认为 1。

• SBSTEP：在 LSTEP 之内的子步数，若为 0 或空，则表示载荷步的最后一个子步。

• TIME：确定要读出数据的时间点，仅当 LSTEP 和 SBSTEP 为空时使用。

• KIMG：当读取来自谐响应分析的结果时，KIMG 确定读入数据形式，若为 0 则读入结果实部；对于 Lab＝EHFLU 读入平均时间热通量，为 1 时读入结果的虚部；若 KMING 为 2 且 Lab 为 HGEN 或 FORC 时，计算并读入平均时间的整数部分。

• Fname：结果文件的文件名。

• Ext：结果文件扩展名。若 Fname 为空，则默认为 "RST"。

示例：

> LDREAD，temp，，，1，，'zdld'，'rst'，' '

表示热应力分析读入稳态热分析温度载荷。

6. ANSYS 中边界条件的显示

命令流：

> /PBC，Item，—，KEY，MIN，MAX，ABS　! 参考 ANSYS HELP 文件

GUI 方式：执行菜单命令 Utility Menu→PlotCtrls→Symbols，然后在图 3.2 所示的对话框中进行边界条件的显示设置。

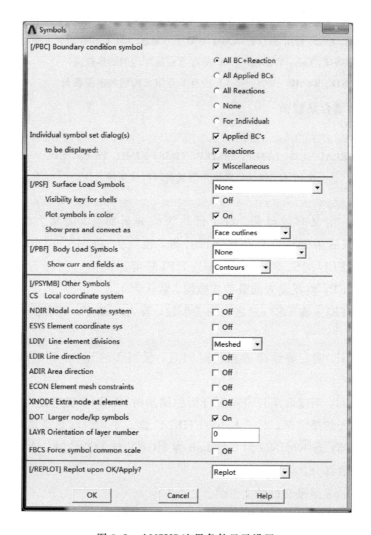

图 3.2　ANSYS 边界条件显示设置

3.3　非线性分析求解控制

1. 求解终止控制命令

　　NCNV，KSTOP，DLIM，ITLIM，ETLIM，CPLIM　！求解终止控制
　　• KSTOP：若为 0 时，如果求解不收敛，也不终止分析；若为 1 时，如果求解不收敛，终止分析和程序（缺省）；若为 2 时，如果求解不收敛，终止分析，但不终止程序。

- DLIM：最大位移限制，缺省为 1.0E＋6。
- ITLIM：累积迭代次数限制，缺省为无穷多。
- ETLIM：程序执行时间(秒)限制，缺省为无穷。
- CPLIM：CPU 时间(秒)限制，缺省为无穷。

2. 指定是否使用非线性求解缺省值命令

　　　　SOLCONTROL，KEY1，KEY2，KEY3，VTOL　　! 指定是否使用非线性求解缺省值

- KEY1：为 ON 时对于用于非线性求解的命令使用已优化的默认设置（如表 3.5 所示），若为 OFF 则不使用缺省默认值。

表 3.5　非线性求解优化默认设置选项

CNVTOL	TOLER＝0.5% MINREF＝0.01(对力和弯矩)
NEQIT	最大迭代次数根据模型设定在 15～26 之间
ARCLEN	如用弧长法则用更先进的方法
PRED	除非有 ROTX,Y,Z 或 SOLID65，否则打开
LNSRCH	当有接触时自动打开
CUTCONTROL	PLSLIMIT＝15%，NPOINT＝13
SSTIF	当 NLGEOM，ON 时则打开
NROPT，adaptkey	默认关闭(除非：摩擦接触存在；单元 12,26,48,49,52 存在；当塑性存在且有单元 20,23,24,60 存在)
AUTOS	自由程序选择

- KEY2：检查接触状态的选项，只有 KEY1＝ON 或 1 时且模型中出现了接触或非线性状态单元时才可使用，从而保证足够小的时间步长间隔以满足接触状态的变化。
- KEY3：应力刚化选项，一般情况下使用默认设置，只有当收敛困难时才使用非默认设置。当为 NOPL 时则对任何单元都不包括应力刚化，为 INCP 时对某些单元包括应力刚化。

3.4　有限元分析求解失败原因分析

　　利用 ANSYS 进行结构有限元分析时并非每次都能顺利得到分析结果，有

时会出现闪退、求解结果异常等情况。根据笔者多年的 ANSYS 使用经验，其原因可能有以下几点：

（1）结构模型的约束不够导致仿真分析无法进行。

（2）建立有限元模型时模型各部分之间未进行粘接操作，从而导致各部分结构边界连接处自由度不连续，仿真结果异常。

（3）材料性质参数有问题，参数设置不合理或未进行设置。

（4）当应力刚化效应为负时，在载荷作用下整个结构刚度弱化。如果刚度减小到 0 或更小时，求解存在奇异性，因为整个结构已发生屈曲。

（5）模型中非线性因素导致模型求解不收敛。

（6）求解之前未进行全选。

（7）计算机内存不够，求解中断或闪退。

对于用户的实际仿真而言，若仿真分析失败或出现错误时可从模型、约束、载荷、网格四个方面去查找问题缘由，同时也可根据 ANSYS 软件提示的警告错误信息或输出窗口的日志内容快速找到问题根源，从而逐步解决问题，保证仿真分析的顺利正确进行。

3.5　天线机电热耦合仿真分析步骤

对于雷达天线等高性能电子装备而言，在其实际服役环境中会受到风载、过载、路面随机振动、冲击、温度分布不均等多种载荷的影响，这些载荷的作用可能会使雷达天线结构发生破坏，或者天线阵面发生结构变形，从而严重影响雷达电性能。作为典型电子装备，雷达天线的机电热耦合问题已不容忽视，以往单纯的结构校核或电性能计算已难以满足当下乃至未来对高性能装备的研制需求，故需要探索新的研究理论和研究方法。基于 ANSYS 与 Matlab 联合仿真的雷达天线机电热耦合仿真为解决这一难题提供了解决办法。基于雷达天线的机电热耦合理论，通过 ANSYS 对雷达进行服役环境典型载荷下的结构校核分析，并提取天线阵面变形数据，然后利用天线机电热耦合理论进行天线电性能计算，从而研究载荷作用下雷达结构强度和电性能是否满足设计要求，并根据计算分析结果研究不同载荷所导致阵面变形对天线电性能的影响趋势，整个雷达天线的机电热耦合仿真分析流程如图 3.3 所示。

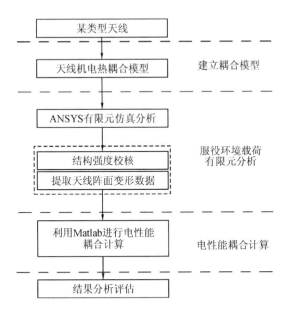

图 3.3　天线机电热耦合仿真分析流程

3.6　常用分析类型的技术要点

3.6.1　静态分析理论、步骤及命令流

1. 静态分析基本理论

静态分析用来计算结构在稳态载荷作用下引起的位移、应力、应变和力（静力分析是计算结构在不变载荷作用下的响应，是 ANSYS 有限元分析的基础。固定不变的载荷与响应是指假定载荷和结构的响应随时间变化非常微小缓慢）。静力分析不考虑惯性和阻尼效应的影响。但是，静态分析能够分析稳定的惯性力（如重力和旋转件所受的离心力等）和能够被等效为静态载荷的随时间变化的载荷（如等效静力风载和地震载荷等）作用下结构响应的问题。

线性结构的静态分析平衡方程为

$$[K]\{U\} = \{F\} \tag{3-1}$$

式中，$[K]$ 为系统刚度矩阵，$\{U\}$ 为系统节点位移向量，$\{F\}$ 为系统节点力向量。

2. 静态分析基本步骤

ANSYS 静态分析步骤如图 3.4 所示。

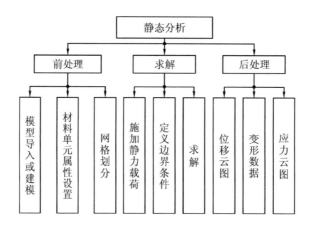

图 3.4　ANSYS 静态分析步骤

1) 建立有限元模型

根据实际问题的特点，对所分析的问题进行初步计划；建立反映真实物理情况的 CAD 模型或简化的 CAD 模型；定义单元类型、单元选项、实常数、截面特性和材料特性，并对模型进行有限元网格的划分。此步骤应注意以下问题：

（1）可以采用线性或非线性结构单元。

（2）材料特性可以是线性或非线性、各向同性或正交各向同性、常数或与温度相关的数。

（3）必须按某种形式定义刚度，如杨氏模量 EX。

（4）对于惯性载荷（如重力等），必须定义质量计算所需数据，如密度 DENS 等。

（5）对于温度载荷，必须定义热膨胀系数 ALPX。

2) 施加边界条件及载荷

在结构分析中，静态分析所施加的载荷一般包括：

（1）外部施加的作用力（FX、FY、FZ）、力矩（MX、MY、MZ）和压力（PRES）。

（2）稳态的惯性力（如重力和旋转件所受离心力）。

（3）位移（UX、UY、UZ、ROTX、ROTY、ROTZ）。

（4）温度（TEMP），通常用于热应力分析中，用户可以通过 LDREAD 读入热分析节点温度或者通过 BF 直接加载温度载荷。

3) 设置求解控制选项

求解控制包括定义分析类型、设置基本分析选项和指定载荷步选项等。

ANSYS 默认分析类型为静态分析,故无需进行特殊设置。

 4) 求解

   /SOLU ! 进入求解模块

   Solve ! 求解

 5) 查看结果

 静态分析的结果保存于结构分析结果文件(Jobname. db)中,包括以下内容:

 (1) 基本解:节点位移 UX、UY、UZ、ROTX、ROTY、ROTZ。

 (2) 导出解:节点和单元应力、节点和单元应变、单元力、节点反力、其余解。

 (3) 云图查看:分析结束后,可进行位移云图和应力云图的查看。

 3. 静态分析常用的载荷施加命令

  ACEL,ACEL_X,ACEL_Y,ACEL_Z ! 施加重力加速度或过载载荷

  SFA,ALL,,PRES,(1/1.63) ∗ cp ∗ v ∗∗ 2 ! 稳态风加载,压力(面载荷)形式

  F, NODE, Lab, VALUE, VALUE2, NEND, NINC ! 施加集中力载荷

  LDREAD, Lab, LSTEP, SBSTEP, TIME, KIMG, Fname, Ext, — ! 施加温度载荷

3.6.2 模态分析理论、步骤及命令流

 1. 模态分析基本理论

 模态分析用于确定结构的固有频率和振型,作为动力学分析的基础,在动力学分析之前必须先进行模态分析以了解结构的振动特性。ANSYS 模态分析中唯一的有效载荷为零自由度位移约束,作为线性分析其包含的所有的非线性因素会被忽略。同时理论分析与实践表明,阻尼对结构的固有频率和振型影响不大,所以在求解固有频率和振型时,可以不计阻尼的影响。固有频率和阻尼是系统的固有属性,与外载荷无关。

 对于多自由度无阻尼自由振动系统,其振动方程为

$$[M]\{\ddot{U}\}+[K]\{U\}=\{0\} \qquad (3-2)$$

式中,$[M]$、$[K]$ 分别为系统质量矩阵和刚度矩阵,$\{\ddot{U}\}$ 为节点加速度矢量,$\{U\}$ 为节点位移矢量。对于线性结构系统,其自由振动的形式如下:

$$\{U\}=\{\phi\}_i\cos\omega_i t \qquad (3-3)$$

式中,$\{\phi\}_i$ 为第 $i(i=1,2,3,\cdots,n)$ 阶固有频率对应的特征向量,即模态振型;ω_i 为第 i 阶固有频率(rad/s),t 为时间(s)。将式(3-3)带入式(3-2)则可得系统的振型方程如下:

$$([K]-\omega^2[M])\{\phi\}_i=\{0\} \qquad (3-4)$$

振型方程有非零解（$\{\phi\}_i$ 不可能全部为 0）的条件为系数矩阵 $[K]-\omega^2[M]$ 的行列式必须为 0，即系统的特征方程或频率方程为 0：

$$|[K]-\omega^2[M]|=0 \qquad (3-5)$$

式（3-5）是关于 ω^2 的 n 次代数方程，由式（3-5）可解得多自由度无阻尼自由振动系统的特征值 ω_i^2（$\omega_1^2 \leqslant \omega_2^2 \leqslant \omega_3^2 \leqslant \cdots \leqslant \omega_n^2$），将 ω_i^2 带入式（3-4）即可得与其对应的系统振型 $\{\phi\}_i$，该列向量表示系统以频率 ω_i 做自由振动时各自由度振幅的相对比值。ANSYS 软件实际输出的模态频率为自然频率 f（Hz），在实际应用中需将频率 ω 转换为自然频率，f 与 ω 之间的关系如下：

$$f=\frac{\omega}{2\pi} \qquad (3-6)$$

ANSYS 默认将振型 $\{\phi\}_i$ 相对于质量矩阵归一化，即

$$\{\phi\}_i^{\mathrm{T}}[M]\{\phi\}_i=1 \qquad (3-7)$$

ANSYS 提供了多种方法求解系统振型方程式（3-4），分别为 BlockLanczos（默认）法、Subspace 法、PowerDynamics 法、Reduced 法、Unsymmetric 法、Damped 法和 QRDamped 法。各种方法各有优缺点及使用范围，实际使用中用户可根据实际求解模型灵活选取。模态分析基本假设有以下三条：

（1）线性假设。

（2）时不变假设：结构的动态特性不随时间而变化。

（3）可观测性假设。

2. 模态分析涉及的一些基本概念

1）模态定义

物体按照某一阶固有频率振动时，物体上各个点偏离平衡位置的位移是满足一定的比例关系，可以用一个向量表示。模态分析一般是在振动领域应用，每个物体都具有自己的固有频率，在外力的激励作用下，物体会表现出不同的振动特性：一阶模态是外力的激励频率与物体固有频率相等的时候出现的，此时物体的振动形态叫做一阶振型或主振型；二阶模态是外力的激励频率是物体固有频率的两倍时出现的，此时的振动形态叫作二阶振型，依此类推。一般来讲，外界激励的频率非常复杂，物体在这种复杂的外界激励下的振动反应是各阶振型的复合。

2）模态分析

模态是结构的固有振动特性，每一个模态具有特定的固有频率、阻尼比和模态振型。这些模态参数可以由计算或试验分析取得，这样一个计算或试验分析过程称为模态分析。有限元中模态分析的本质是求矩阵的特征值问题，所以

"阶数"就是指特征值的个数。将特征值从小到大排列就是阶次，实际的分析对象是无限维的，所以其模态具有无穷阶，但是对于运动起主导作用的只是前面的几阶模态，所以计算时通常根据需要只计算前几阶即可。一个物体有很多个固有振动频率（理论上无穷多个），按照从小到大顺序，第一个就叫第一阶固有频率，依次类推。所以模态的阶数就是对应的固有频率的阶数。

3）振型

振型是指结构的一种固有的特性，它与固有频率相对应，即为对应固有频率结构自身振动的形态。每一阶固有频率都对应一种振型，振型与结构实际的振动形态不一定相同。振型对于频率而言，一个固有频率对应于一个振型。按照频率从低到高的排列划分第一振型、第二振型等。在实验中，通常通过用一定的频率对结构进行激振，观测相应点的位移状况，当观测点的位移达到最大时，此时频率即为固有频率。实际结构的振动形态并不是一个规则的形状，而是各阶振型相叠加的结果。

4）模态扩展

模态扩展是为了便于后处理中对模态分析结果的观察。ANSYS 求解器的输出内容主要是固有频率，固有频率被写到输出文件 Jobname. OUT 及振型文件 Jobname. MODE 中，同时输出内容中也可以包含缩减的振型和参与因子表，这取决于对分析选项和输出控制的设置，由于振型没有被写入到数据库或结果文件中，因此不能对结果进行后处理，要进行后处理则必须对模态进行扩展。

5）模态分析意义

模态分析的最终目的是分析出结构的模态参数，为结构的振动特性分析、振动故障诊断和预报以及结构动力特性的优化设计提供依据。模态分析的应用可总结为以下几个方面：

（1）评价现有结构系统的动态特性。

（2）在新产品设计中进行结构动态特性的预估和优化设计。

（3）诊断及预报结构系统的故障。

（4）控制结构的辐射噪声。

（5）识别结构系统的载荷。

6）模态分析和有限元分析怎么结合使用

（1）利用有限元分析模型确定模态试验的测量点、激励点、支持点（悬挂点），参照计算振型对测试模态参数进行辨识命名，尤其是对于复杂结构很重要。

（2）利用试验结果对有限元分析模型进行修改，以达到行业标准或国家标准要求。

（3）利用有限元模型对试验条件所产生的误差进行仿真分析，如边界条件模拟、附加质量、附加刚度所带来的误差及其消除。

（4）两套模型频谱一致性和振型相关性分析。

（5）利用有限元模型仿真分析解决实验中出现的问题。

3. ANSYS 模态分析基本步骤

ANSYS 模态分析流程如图 3.5 所示。

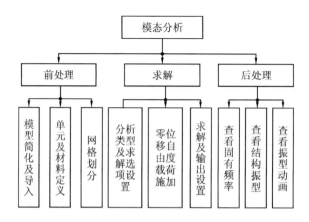

图 3.5　ANSYS 模态分析流程

1）建立有限元模型

根据实际问题的特点，对所分析问题进行初步计划；忽略对结构刚度影响不大的细节特征，如圆角、倒角和小孔等，简化建立的 CAD 模型；定义单元类型、单元选项、实常数、截面特性和材料特性，并对其划分有限元网格。此步骤应注意以下问题：

（1）模态分析中只有线性行为是有效的。

（2）材料特性可以是线性或非线性、各向同性或正交各向同性、常数或与温度相关的数。

（3）必须按某种形式定义刚度，如杨氏模量 EX 和密度。

2）施加边界条件及载荷

模态分析中唯一有效的载荷是零位移约束。若施加除位移之外的其他约束会被忽略掉。载荷可以加载在几何模型或有限元模型上。

3）设置求解控制选项

（1）设置分析类型（ANTYPE,Antype）。

ANTYPE,MODAL

或者

   ANTYPE, 2

（2）定义模态提取方法。

   MODOPT, Method, NMODE, FREQB, FREQE, Cpxmod, Nrmkey, ModType, BlockSize, —, —, —, FREQMOD

• Method：指定模态分析方法，BlockLanczos（默认）法（分块兰索斯法）、Subspace 法（子空间迭代法）、PowerDynamics、Reduced（缩减法或凝聚法）、Unsymmetric（非对称法）、Damped（阻尼法）、QRDamped（QR 阻尼法）七选一。

• NMODE：确定拟提取的模态数目。

• FREQB、FREQE：表示感兴趣的频率范围，单位为赫兹。

• Cpxmod：仅对 QRDamped 和 Reduced 法适用。采用 QRDamped 法时表示是否计算复振型，为 ON 时计算，为 OFF 时不计算。采用 Reduced 法时，prmode 表示输出的缩减模态数。

• Nrmkey：定义振型归一化方法，可选择对质量矩阵归一化（正交归一化）或模态单位化（模态元素最大值归一化）。若在模态分析后进行谱分析或模态叠加法分析，则应该选择对质量矩阵进行归一化，此项缺省值为 OFF，即采用正交归一化。

• 其他参数通常采用默认值即可，详细了解可见 ANSYS HELP 文件。

（3）定义模态扩展。

   MXPAND, NMODE, FREQB, FREQE, Elcalc, SIGNIF, MSUPkey, ModeSelMethod

• NMODE：扩展和写入文件的模态数（宜等于拟提取的模态数），若为空或 ALL，则扩展和写入给定频率范围的所有模态；若为 −1，则不扩展和不写入文件；若扩展模态数大于定义的提取模态数，则为定义的提取模态数。

• FREQB，FREQE 为模态扩展的频率范围。

• Elcalc：单元结果控制项，默认为 NO，即不计算单元结果。如果想要得到单元求解结果，则不论采用何种模态提取方法，都需设置其为 YES。模态分析中的应力并不代表结构中的实际应力，而只是给出一个各阶模态之间相对的应力分布的概念。

• SIGNIF：重要性因子或模态扩展阈值，即扩展模态时显著性水平超过 SIGNIF 值的各阶模态。模态显著性水平用某阶模态系数除以最大的模态系数定义。任何显著性水平低于 SIGNIF 值的模态被认为是不重要的，且不予扩展。SIGNIF 值越高，扩展模态越少，默认为 0.001。

• MSUPkey：用于控制单元结果是否写入模态文件（.mode），默认为 YES。

● ModeSelMethod：定义模态选取方法。默认为空，可为 MODM、MODC、DDAM，其中：

① MODM 表示基于模态有效质量系数选择扩展模态。

② MODC：基于模态系数选择扩展模态。

③ DDAM：DDAM 分析中可用。

（4）定义质量矩阵公式。

　　　　LUMPM，Key

其中，Key＝OFF 使用一致质量矩阵（默认），在多数应用中可采用一致质量矩阵；Key＝ON 使用集中质量矩阵，对于细长的梁较薄的壳建议用集中质量矩阵。

（5）确定是否考虑预应力效应的影响。

　　　　PSTRES，Key

缺省时不考虑预应力效应，即结构处于无应力状态。如希望包含预应力效应的影响，则必须先进行静力学或瞬态分析生成单元文件，且要求静力分析和预应力分析均打开预应力效应。Key 为 ON 时打开预应力效应，为 OFF 时则关闭预应力效应（默认）。

（6）模态分析阻尼定义。可定义阻尼有瑞雷阻尼、材料阻尼和单元阻尼，且只有在使用阻尼法提取模态时才需要设置。

4）求解

　　　　/SOLU

　　　　SOLVE

5）查看结果

模态分析的结果保存于结构分析结果文件（JOBNAME.RST）中，具体包括固有频率、模态振型、相对应力和模态动画等。分析结束后可进行振型云图和模态动画的显示和查看。

4. 模态分析后处理时常用的命令流

介绍如下：

　　　　Set，LIST　　　　　　! 列表显示所有频率

　　　　SET，Lstep，Sbstep，Fact，KIMG，TIME，ANGLE，NSET，ORDER　　! 确定查看模态阶数

　　　　PLDISP，KUND　! 显示模态振型

　　　　PLNSOL，Item，Comp，KUND，Fact，FileID　! 查看模态分析结果云图

　　　　/IMAGE，Label，Fname，Ext，——　　! 保存模态云图文件到指定文件夹

　　　　ANMODE，NFRAM，DELAY，NCYCL，KACCEL　! 查看模型动画

　　　　/ANFILE，LAB，Fname，Ext，——　　! 保存模态动画文件保存到指定文件夹

这里要说明一下，有预应力模态分析除了首先要通过进行静力分析把预应力加到结果上之外，其他过程和正常模态分析一样。需要注意的是，对于有预应力模态分析在静态分析和模态分析中都需要开启预应力效应。实践表明，预应力非常明显地提高了模态频率，使结构变刚，产生应力刚化（即结构内应力与横向刚度之间的联系称为应力刚化，具体是指构件在无应力状态和有应力状态下的刚度变化，在有应力状态下，构件某方向的刚度显著增大）。

5. 模态分析命令流示例

```
!!!!!!!!! 利用模态阈值进行模态扩展操作,PSD 谱分析中可用!!!!!!!!!!
CSYS,13
ASEL,S,LOC,X,0
NSLA,S
CM,DIZUOJIEDIAN,NODE
D,ALL,ALL
ALLSEL
/SOLU  ! 只进行模态分析不进行扩展
ANTYPE,MODAL
MODOPT,LANB,200
EQSLV,SPAR
SOLVE
FINISH
/SOLU
ANTYPE,MODAL,RESTART
! 利用有效质量系数总和扩展模态
MXPAND,,,,YES,0.10,,MODM
MODSELOPTION,0.8,0.8,0.8,NO,NO,NO
SOLVE
FINISH
/OUTPUT,MONITOR1,LOG
! 模态日志文件
SOLVE
FINI
/OUTPUT

!!!!!!!!!!!! 某模型无预应力模态分析脚本示例!!!!!!!!!!!!
CSYS,13
ASEL,S,LOC,X,0
```

```
NSLA,S
D,ALL,ALL
ALLS
/SOLU   ! 模态分析
ANTYPE,MODAL
MODOPT,LANB,15
EQSLV,SPAR 求解方法选择
MXPAND,15,,,1
/OUTPUT,H：\MODAL_MONITOR,LOG
! 导出模态日志文件
SOLVE
FINI
/OUTPUT


!!!!!!!!!!!!!!!!!! 大变形预应力模态分析关键命令流!!!!!!!!!!!!!!!!!!
! 建模
/PREP7
…
FINISH
! 静力分析
/SOLU
ANTYPE,STATIC
NLGEOM,ON     ! 打开大变形效应
PSTRES,ON       ! 打开预应力效应
EMATWRITE,YES
…
SOLVE
FINISH
! 模态分析
/SOLU
ANTYPE,MODAL
UPCOORD,1,0,ON
PSTRES,ON
MODOPT,
MXPAND,
PSOLVE,EIG
FINISH
```

```
! 模态扩展
/SOLU
EXPASS,ON
PSOLVE,EIGEXP
FINISH
! 后处理查看结果
/POST1
SET,LIST


!!!!!!!!!!!!!! 后处理提取模态振型频率以及有效质量系数!!!!!!!!!!!!!!!!!!
FINISH
/POST1
n＝15     ! 指定模态阶数
* Dim,modal_canshu,ARRAY,n,3
* Dim,nArray2,ARRAY,n


* Do,I,1,n,1
    NARRAY2(I)＝ I
    * GET,MODAL_CANSHU(I,1),MODE,I,FREQ    ! 获取模态频率参数
    * GET,MODAL_CANSHU(I,2),MODE,I,PFACT
                                ! 模态参与系数,相当于权重因子
    ! * GET,MODAL_CANSHU(I,2),MODE,I,MCOEF    ! 模态系数
    * GET,MODAL_CANSHU(I,3),MODE,I,MCOEF    ! 获取模态阻尼
* Enddo


* cfopeN, H：\Modal_Canshu, txt
    * vwrite,nArray2(1) ,modal_canshu(1,1,1),modal_canshu(1,2,1),modal_
canshu(1,3,1)
    (F10.0,TL1,' ',F16.8,' ',F16.8,' ',F16.8)
* cfclose


!!!!!!!!!!!!!! 模态分析导出振型云图及动画!!!!!!!!!!!!!!
SET,1,1               ! 模态分析导出动画存于指定目录下
PLDI,1 ,
! PLDI,0/1/2,       ! 是否显示原始边界
ANMODE,10,0.5, ,0
/ANFILE,SAVE,'Modal_Animate_1','avi',' '
```

```
SET,1,1                    ! 模态分析导出振型云图存于指定目录下
/SHOW,JPEG,,
PLNSOL,U,SUM,0,1.0
/SHOW,CLOSE
/RENAME,ZDLD000,jpg,,Modal_Yuntu_1,,
/DELETE,ZDLD000,jpg,,

/SHOW,JPEG,,         ! 模态分析导出振型云图存于指定目录下
PLDISP,2,
/SHOW,CLOSE
/RENAME,ZDLD000,jpg,,Modal_Zhenxing_1,,
/DELETE,ZDLD000,jpg,,
```

3.6.3 谐响应分析基本理论、步骤与命令流

1. 谐响应分析基本理论

任何持续的周期载荷将在结构系统中产生持续的周期响应，该周期响应称为谐响应。谐响应分析一般用于确定线性结构在承受随时间按正弦规律变化的载荷时的稳态响应，通过计算结构在不同频率下的响应，可得到响应值（通常是位移）随频率变化的曲线，根据曲线上的响应峰值，可进一步观察峰值频率对应的应力。谐响应分析使设计人员能预测结构的持续动力特性，从而使设计人员能够验证其设计能否克服共振、疲劳及其他受迫振动引起的有害效果。该分析只计算结构的稳态受迫振动，而不考虑激励开始时的瞬态振动。谐响应分析是一种线性分析技术，任何非线性特性即使定义了也将被忽略。

谐响应分析求解动力学方程为

$$[M]\{\ddot{U}\}+[C]\{\dot{U}\}+[K]\{U\}=\{F\} \tag{3-8}$$

式中，$[M]$ 为结构质量矩阵，$[C]$ 为结构阻尼矩阵，$[K]$ 为结构刚度矩阵，$\{\ddot{U}\}$ 为节点加速度矢量，$\{\dot{U}\}$ 为节点速度矢量，$\{U\}$ 为节点位移矢量，$\{F\}$ 为力矢量。

对于受迫振动的稳态响应，结构的所有节点均以相同的频率（激振频率）振动。由于阻尼的存在，各节点的相位不同。因此，节点位移可表达为

$$\{U\}=\{U_{\max}e^{i\phi}\}e^{i\omega t} \tag{3-9}$$

式中，$U_{\max}$ 为位移幅值；i 为虚数，且 $i^2=-1$；ω 为圆频率（单位为 rad/s）；t 为时间；ϕ 为位移相角（单位为 rad）；$e^{i\phi}$ 和 $e^{i\omega t}$ 为简谐振动的复数表达形式。其表

达式为

$$\begin{cases} e^{i\phi} = \cos\phi + i\sin\phi \\ e^{i\omega t} = \cos\omega t + i\sin\omega t \end{cases} \tag{3-10}$$

则式(3-9)可改写为

$$\{U\} = (\{U_1\} + i\{U_2\})e^{i\omega t} \tag{3-11}$$

式中，$\{U_1\} = \{U_{\max}\cos\phi\}$，为位移实部；$\{U_2\} = \{U_{\max}\sin\phi\}$，为位移虚部。

同理，力矢量也可表达为

$$\{F\} = (\{F_1\} + i\{F_2\})e^{i\omega t} \tag{3-12}$$

式中，$\{F_1\} = \{F_{\max}\cos\varphi\}$，为力实部，$F_{\max}$ 为力幅值，φ 为力相角；$\{F_2\} = \{F_{\max}\sin\varphi\}$，为力虚部。

将式(3-11)和式(3-12)代入式(3-8)，并消去 $e^{i\omega t}$，得到谐响应分析动力学方程如下：

$$([K] - \omega^2[M] + i\omega[C])(\{U_1\} + i\{U_2\}) = \{F_1\} + i\{F_2\} \tag{3-13}$$

2. 动力学分析求解方法

对于动力学分析，ANSYS 中提供了三种求解方法，分别是完全法、缩减法和模态叠加法，如表 3.6 所示。

表 3.6　ANSYS 中动力学分析求解方法

性能	求解方法		
	完全法 (Full)	缩减法 (Reduced)	模态叠加法 (Mode Superposition)
优点	易于使用，使用完整矩阵，允许各种非线性及各种载荷，求解效率高	比完全法快且开销小	速度最快，允许考虑模态阻尼
缺点	计算成本高	需扩展得到完整结果，所有载荷必须施加到主自由度上，只支持简单的点点接触，恒定时间步长	只支持简单的点点接触，恒定时间步长
可用阻尼	瑞雷阻尼、材料相关阻尼、单元阻尼	瑞雷阻尼、材料相关阻尼、单元阻尼	瑞雷阻尼、材料相关阻尼、恒定阻尼比、振型阻尼

1）完全法

完全法采用完整的系统矩阵计算瞬态响应（没有矩阵缩减）。它是三种方法中功能最强的，允许包括各类非线性特性（塑性、大变形、大应变等）。

完全法的优点是：

① 容易使用，不必关心选择主自由度或振型；

② 允许各种类型的非线性特性；

③ 采用完整矩阵，不涉及质量矩阵近似；

④ 在一次分析就能得到所有的位移和应力；

⑤ 允许施加所有类型的载荷：节点力、外加的（非零）位移和单元载荷（压力和温度），还允许通过 TABLE 数组参数指定表边界条件；

⑥ 允许在实体模型上施加载荷。

完全法的主要缺点是比其他方法开销大。

2）模态叠加法

模态叠加法通过对模态分析得到的振型（特征值）乘上因子并求和来计算结构的响应。此法是 ANSYS/Professional 程序中唯一可用的瞬态动力学分析法。

模态叠加法的优点是：

① 对于许多问题，它比缩减法或完全法更快开销更小；

② 只要模态分析不采用 PowerDynamics 方法，通过 LVSCALE 命令将模态分析中施加的单元载荷引入到瞬态分析中；

③ 允许考虑模态阻尼（阻尼比作为振型号的函数）。

模态叠加法的缺点是：

① 整个瞬态分析过程中时间步长必须保持恒定，不允许采用自动时间步长；

② 唯一允许的非线性是简单的点点接触（间隙条件）；

③ 不能施加强制位移（非零）位移。

3）缩减法

缩减法通过采用主自由度及缩减矩阵压缩问题规模。在主自由度处的位移被计算出来后，ANSYS 可将解扩展到原有的完整自由度集上。

缩减法的优点是比完全法快且开销小。

缩减法的缺点是：

① 初始解只计算主自由度的位移，第二步进行扩展计算，得到完整空间上的位移、应力和力；

② 不能施加单元载荷（压力，温度等），但允许施加加速度；

③ 所有载荷必须加在用户定义的主自由度上；

④ 整个瞬态分析过程中时间步长必须保持恒定，不允许用自动时间步长；

⑤ 唯一允许的非线性是简单的点—点接触(间隙条件)。

3. 谐响应分析基本步骤

ANSYS 谐响应分析流程如图 3.6 所示。

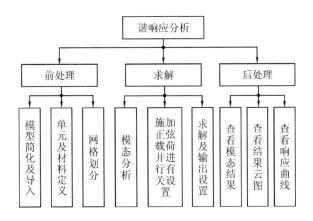

图 3.6　ANSYS 谐响应分析流程

1) 建立有限元网格模型

根据实际问题的特点，对所分析的问题进行初步计划；忽略对结构刚度影响不大的细节特征，如圆角、倒角和小孔等，简化建立的 CAD 模型，定义单元类型、单元选项、实常数、截面特性和材料特性，并对其划分有限元网格，应注意以下问题：

(1) 只有线性行为是有效的。

(2) 材料特性可以是线性或非线性、各向同性或正交各向同性、常数或与温度相关的数。

(3) 必须按某种形式定义刚度，如杨氏模量 EX 和密度。

2) 进行模态分析

由于峰值响应发生在激励频率和结构的固有频率相等之时，所以在进行谐响应分析之前应首先进行模态分析，以确定结构的固有频率，具体分析过程可见上一节内容。

3) 施加载荷并求解

(1) 定义分析类型并进行相应设置。

ANTYPE,HARMIC　　　　　　　! 指定分析类型为谐响应分析

HROPT,　　　　　　　　　　! 定义求解方法

　　HROUT,　　　　　　　　　　! 定义自由度输出格式

（2）基于模态分析结果，设置载荷步选项。

　　HARFRQ,FREQB,FREQE,—,LogOpt,FREQARR,Toler　! 解的强制频率范围

　　NSUBST, NSBSTP, NSBMX, NSBMN, Carry　! 指定载荷步

　　KBC,KEY　　　　　　　　　! 指定阶跃还是斜坡载荷

（3）指定某种形式阻尼。

　　ALPHAD,VALUE

　　BETAD,VALUE

　　DMPRAT,VALUE

（4）施加载荷及边界条件。

　　谐响应分析的载荷是随时间按正弦规律变化的，一般通过幅值、相位角和频率范围进行描述。通过在加载中输入实部 VALUE1 与虚部 VALUE2 来定义幅值和相位。幅值＝ $(VALUE1^2 + VALUE2^2)^{1/2}$，相位＝ $\arctan(VALUE2/VALUE1)$。

4）求解

　　/SOLU

　　SOLVE

5）查看结果

　　POST26 用于观察模型中指定点在整个频率范围内的结果；POST1 用于观察整个模型在指定频率点的结果。

4. 谐响应分析示例：某工作台谐响应分析命令流

　　问题描述：电机质量 99 kg，质量重心高出台面 0.1 m，受简谐激励 FX＝1000 N，FZ＝1000 N，Z 方向落后于 X 方向 90 度相位角；频率为 0～100 Hz，所有材料为 Q235 钢，杨氏模量为 2×10^{11} Pa，泊松比为 0.3，密度为 7800 kg/m³；工作台长 2 m、宽 1 m、高 1 m、厚 0.02 m，支腿截面积为 2×10^{-4} m²，惯性矩为 2×10^{-8} kg/m²，宽度为 0.01 m，高度为 0.02 m。

```
!!!!!!!!!!!!!!!!!! 工作台谐响应分析(FULL方法)!!!!!!!!!!!!!!!!!!!!!!!
! 1.建模——创建几何模型和有限元模型
FINISH
/CLEAR
/PREP7
WIDTH=1
LENGTH=2
HIGH=-1
MASS_HIGH=0.1
! 定义单元类型、材料及实常数
```

```
ET,1,SHELL63
ET,2,BEAM4
ET,3,MASS21
MP,EX,1,2E11
MP,PRXY,1,0.3
MP,DENS,1,7800
R,1,0.02
R,2,2E−4,2E−8,2E−8,0.01,0.02
R,3,99
! 建模及网格划分
RECT,,LENGTH,,WIDTH
K,5,,,HIGH
K,6,LENGTH,,HIGH
K,7,LENGTH,WIDTH,HIGH
K,8,,WIDTH,HIGH
L,1,5
*REP,4,1,1
ESIZE,0.1
AMESH,ALL
TYPE,2
REAL,2
LMESH,5,8
N,500,LENGTH/2,WIDTH/2,MASS_HIGH
TYPE,3
REAL,3
EN,500,500
CERIG,500,136,ALL    ! 添加刚性约束
CERIG,500,138,ALL
CERIG,500,154,ALL
CERIG,500,156,ALL
NSEL,S,LOC,Z,HIGH
D,ALL,ALL
NSEL,ALL
FINISH
! 2.进行模态分析
/SOLU
ANTYPE,MODAL
```

```
MODOPT,LANB,10
MXPAND,10,,,YES
SOLVE
FINISH
! 3.谐响应分析
/SOLU
ANTYPE,HARMIC
HROPT,FULL      ! FULL 方法
ALPHAD,5
F,500,FX,1000
F,500,FZ,0,1000
! 与 X 方向相位差 90 度
HARFRQ,0,100
! 解的强制频率范围
NSUBST,50
SOLVE
FINISH
! 4.时程后处理
/POST26
NSOL,2,500,U,X
NSOL,3,500,U,Z
/GRID,1
PLCPLX,0   ! 以振幅形式显示结果
PLVAR,2,3
! 5.通用后处理
/POST1
SET,LIST
SET,1,16
PLDISP,1
SET,1,16,,1
PLDISP,1
LCDEF,1,1,16,0
LCDEF,2,1,16,1
LCZERO
LCASE,1
LCOPER,SRSS,2
PLDISP,1
```

3.6.4　瞬态动力学分析基本理论、步骤与命令流

1. 瞬态动力学分析基本理论

瞬态动力学分析(又称时间历程分析)是用于分析结构在承受任意的随时间变化载荷动力响应的一种方法。可以用瞬态动力学分析确定结构在稳态载荷、瞬态载荷和简谐载荷的随意组合作用下的随时间变化的位移、应变、应力和力。载荷和时间的相关性使得惯性力和阻尼作用比较重要。如果惯性力和阻尼作用不重要,就可以用静力学分析代替瞬态动力学分析。瞬态动力学分析更贴近工程实际,应用更为广泛。

瞬态动力学的基本方程为

$$[M]\{\ddot{U}\} + [C]\{\dot{U}\} + [K]\{U\} = \{F\} \qquad (3-14)$$

式中,$[M]$为结构质量矩阵,$[C]$为结构阻尼矩阵,$[K]$为结构刚度矩阵,$\{\ddot{U}\}$为节点加速度矢量,$\{\dot{U}\}$为节点速度矢量,$\{U\}$为节点位移矢量,$\{F\}$为力矢量。

2. 瞬态动力学分析初始条件设置

1) 零初始位移和零初始速度

这是缺省条件,不需要定义任何初始条件。

2) 非零初始位移和/或非零初始速度

用 IC 命令施加,IC 命令定义的初始条件只能在第一个载荷步施加。

　　IC,NODE,Lab,VALUE,VALUE2,NEND,NINC

- NODE:拟施加初始条件的节点号,也可为 ALL 或组件名。
- LAB:自由度标识。

① 对于结构分析,可为 UX、UY、UZ、ROTX、ROTY、ROTZ、HDSP、PRES、VELX、VELY、VELZ、OMGX、OMGY、OMGZ。

② 对于结构瞬态动力学分析,可为 ACCX、ACCY、ACCZ、DMGX、DMGY、DMGZ。

③ 对于热分析,可为 TEMP、TBOT、TE2、TE3 …… TTOP。

- VALUE,VALUE2:自由度初始值。
- NEND、NINC:节点编号终止值和增量。

3) 零初始位移和非零初始速度

非零初始速度是通过对结构中指定速度的部分加上小时间间隔的小位移实现的,如定义初始速度为 0.25 m/s 初始条件的相应命令流如下:

```
TIMINT,OFF
D,ALL,UY,0.001
TIME,0.004
LSWRITE,1
DDELE,ALL,UY
TIMINT,ON
```

4）非零初始位移和非零初始速度

与 3）类似，不过施加的位移是真实数值而非伪数值，如定义初始位移为 1.0 m 且初始速度为 2.5 m/s 的相应命令流如下：

```
TIMINT,OFF
D,ALL,UY,1.0
TIME,0.4
LSWRITE,1
DDELE,ALL,UY
TIMINT,ON
```

5）非零初始位移和零初始速度

需用两个子步（NSUBST,2）实现，所施加位移在两个子步间是阶跃变化（KBC,1），如定义初始位移为 1.0 m，而初始速度为 0.0 m/s 的相应命令流如下：

```
TIMINT,OFF
D,ALL,UY,1.0
TIME,0.001
NSUBST,2
KBC,1
LSWRITE,1
TIMINT,ON
TIME,...
DDELE,ALL,UY
KBC,0
```

6）非零初始加速度

可近似通过在小时间间隔内指定要加的加速度实现，如定义施加初始加速度为 9.8 m/s² 的相应命令流如下：

```
ACEL,,9.81
TIME,0.001
NSUBST,2
KBC,1
LSWRITE,1
```

```
        TIME,...
        DDELE,...
        KBC,0
```

3. 瞬态动力学分析步骤

瞬态动力学分析步骤如图 3.7 所示。

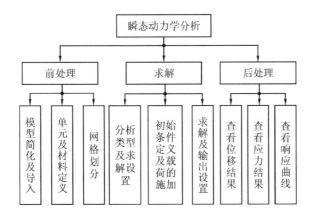

图 3.7　ANSYS 瞬态动力学分析流程

1) 建立有限元网格模型

(1) 定义工作文件名和标题。

(2) 定义单元类型、实常数及材料属性。

可使用线性或非线性单元,同时必须通过弹性模量 EX 和密度 DENS 或其他形式的刚度和密度对材料的刚度和质量进行定义。

(3) 建立分析对象的有限元模型。

2) 施加载荷并求解

(1) 定义分析类型并进行相应设置。

```
        ANTYPE,TRANS            ! 指定分析类型为瞬态动力学分析
        TRNOPT,                 ! 定义求解方法
        LUMPM,                  ! 是否采用集中质量矩阵
        NLGEOM,                 ! 大变形效应
        SSTIF,                  ! 应力强化效应
        NROPT,                  ! 牛顿-拉普森选型
        EQSLV,                  ! 选择求解器
```

(2) 定义阻尼。

```
        ALPHAD,VALUE
        BETAD,VALUE
```

结构阻尼矩阵＝ALPHAD×质量矩阵＋BETAD×刚度矩阵。

（3）定义初始条件。见 3.6.4 的 2 小节内容。

（4）施加瞬态载荷并定义载荷步。瞬态载荷可以是约束、力、面载荷、体载荷和惯性载荷。通常加载对应命令流形式如下：

TIME,...	! 载荷步 1 结束对应时间
Loads...	! 定义载荷
NSUBST,	! 定义载荷子步
KBC,...	! 定义加载类型（阶跃或斜坡）
LSWRITE	! 载荷数据写入载荷步文件
TIME,...	! 载荷步 2 结束对应时间
Loads...	! 定义载荷
NSUBST,	! 定义载荷子步
KBC,...	! 定义加载类型（阶跃或斜坡）
LSWRITE	! 载荷数据写入载荷步文件
TIME,...	! 载荷步 3 结束对应时间
Loads...	! 定义载荷
NSUBST,	! 定义载荷子步
KBC,...	! 定义加载类型（阶跃或斜坡）
LSWRITE	! 载荷数据写入载荷步文件
...	

（5）求解。瞬态动力学分析求解时可对所有载荷步一次性求解，对应命令流如下：

ALLSEL

LSSOLVE

3）查看结果

POST1 用于观察整个模型在某一时刻的位移、应力结果，POST26 用于观察模型中某节点在时间范围内的响应曲线。

4. 冲击振动载荷的瞬态动力学分析

冲击是系统受到瞬态激励时，其力、位移、速度或加速度发生突然变化的现象。结构将在很短时间内达到其最大反应。冲击是振动的一种特殊状态，它与一般状态的振动不同，具有自己独特的特点：

（1）冲击过程是瞬态的，持续时间短暂。

（2）冲击是骤然的、剧烈的能量释放、能量传递与转换过程。

（3）冲击激振函数往往是非周期性的，其频谱是连续的，冲击过程一次性完成，不呈现周期性。

（4）冲击作用下系统所产生的运动为瞬态运动，运动状态与冲击持续时间及系统的固有周期有关。

从理论分析角度看，冲击响应就是系统受到一种短暂的脉冲、阶跃或其他瞬态的非周期激励下的响应。冲击响应引起的系统振动能够很快消失，但它引起的最大应力（或位移）却可能使系统损坏，故对于某些类型的雷达天线等装备而言，在其研发阶段考虑冲击载荷对其影响至关重要。冲击动力学过程是一系列随时间变化的动态过程。理想的规则冲击载荷波形主要有矩形、半正弦、梯形、三角形、锯齿波等。在工程实践中，冲击振动的时域波形可能是非规则的，可以用理想的规则形状来表示某些特定的冲击。针对不同的冲击载荷波形（冲击形式），系统的动态响应也不同，系统的响应主要取决于冲击载荷脉冲的峰值、持续时间及波形形状。一般用冲击持续时间 τ，冲击波形状 $x(t)$，冲击载荷波形包含的面积 A 和冲击波峰值 U_m 代表冲击的参数。

当系统受到冲击激励时，系统将产生相应的冲击响应。理论证明，系统受到冲击激励后的最大响应与冲击的持续时间 τ 和系统本身的固有周期 T_n（或固有频率 f_n）有关。当 $T_n < \tau$ 时，系统的最大冲击响应可能达到冲击波峰值的两倍；当 $T_n > \tau$ 时，冲击响应则大大减弱。为区别起见，称 $T_n < \tau$ 的冲击为复杂冲击，$T_n > \tau$ 的冲击为简单冲击。简单冲击中冲击幅值随时间变化的曲线可以近似为简单的几何图形，如半正弦、矩形波和锯齿波等；复杂冲击中冲击幅值随时间变化的曲线呈复杂的衰减振荡形。同时研究发现，最大的冲击响应值与冲击波形也有关。相同的冲击峰值，相同的 $f_n\tau$（冲击持续时间与系统的固有频率之积），矩形冲击波的最大冲击响应最大。也就是说，对于一个给定的单自由度无阻尼系统，同样的冲击持续时间，矩形波形式的载荷冲击最为严重，其次是半正弦波，其原因是与冲击波所包围的面积大小有关。因此，冲击载荷波形所包围的面积表达了冲击的强烈程度。

对于任意一个单自由度系统，当其固有频率 f_n 不变，外部作用一冲击力（或冲击加速度）时，当 τ 取不同值时（或者说 $f_n\tau$ 之积取不同值时），系统的最大冲击响应值也不同。工程实践中，当设备承受冲击作用时，其最大冲击响应值对设备的破坏作用最大，因此对最大的冲击响应要特别注意。

5. 瞬态动力学分析过程的典型命令流

（1）建立有限元模型。

```
/FILNAM,...          ! 定义工作文件名
/TITLE,...           ! 定义分析标题
/PREP7               ! 进入 PREP7 前处理器
—
```

```
—                             ! 生成有限元模型
—
FINISH
```

(2) 施加载荷和求解。

```
/SOLU                         ! 进入 SOLUTION 求解处理器
ANTYPE,TRANS                  ! 定义分析类型为瞬态动力学分析
TRNOPT,FULL                   ! 求解方法选择 FULL 方法
D,...                         ! 施加约束
F,...                         ! 施加载荷
SF,...
ALPHAD,...                    ! 定义质量阻尼
BETAD,...                     ! 定义刚度阻尼
KBC,...                       ! 定义阶跃载荷还是斜坡载荷
TIME,...                      ! 载荷步结束时间
AUTOTS,ON                     ! 自动时间步长
DELTIM,...                    ! 时间步大小
OUTRES,...                    ! 结果输出设置
LSWRITE                       ! 写第一个载荷步文件
—
—                             ! 定义第二个载荷步的载荷、时间、载荷子步等
—
LSWRITE                       ! 写第二个载荷步文件
...                           ! 依次类推，可利用循环语句
SAVE
LSSOLVE,1,2                   ! 多载荷步求解
FINISH
```

(3) 结果查看和处理。

```
/POST26
SOLU,...                      ! 保存求解数据
NSOL,...                      ! 将节点结果存储为变量
ESOL,,,,                      ! 将单元结果存储为变量
RFORCE,...                    ! 将反作用力存储为变量
PLVAR,...                     ! 绘制响应曲线
PRVAR,...                     ! 列表显示定义的变量
FINISH
/POST1
SET,...                       ! 将所需结果读入数据库
```

PLDISP,...	！查看变形图
PRRSOL,...	！力载荷
PLNSOL,...	！节点结果云图
—	
—	！其他的后处理操作
—	
FINISH	

6. 瞬态动力学分析案例命令流

（1）某工作台的瞬态动力学分析（可用于熟悉瞬态动力学分析过程）。

```
FINISH
/CLEAR
/PREP7
WIDTH＝1 $ LENGTH＝2 $ HIGH＝－1
MASS_HIGH＝0.1
ET,1,SHELL63 $ ET,2,BEAM4
MP,EX,1,2E11
MP,PRXY,1,0.3
MP,DENS,1,7800
R,1,0.02
R,2,2E－4,2E－8,2E－8,0.01,0.02
RECT,,LENGTH,,WIDTH
K,5,,,HIGH
K,6,LENGTH,,HIGH
K,7,LENGTH,WIDTH,HIGH
K,8,,WIDTH,HIGH
L,1,5
*REP,4,1,1
ESIZE,0.1
AMESH,ALL
TYPE,2
REAL,2
LMESH,5,8
！瞬态动力学分析
/SOLU
ANTYPE,TRANS
NSEL,S,LOC,Z,HIGH
```

```
D,ALL,ALL
ALLSEL,ALL
OUTRES,ALL,ALL
ALPHAD,5

TIME,1
! DELTIM,DTIME,DTMIN,DTMAX,CARRY
DELTIM,0.2,0.05,0.5
AUTOTS,ON
KBC,0    ! 斜坡载荷
! SFA,AREA,LKEY,LAB,VALUE,VALUE2
SFA,1,,PRES,1000
LSWRITE,1
TIME,2
LSWRITE,2
TIME,4
SFA,1,,PRES,5000
KBC,1    ! 阶跃载荷
LSWTITE,3
TIME,6
SFA,1,,PRES,0
KBC,1
LSWRITE,4

LSSOLVE,1,4
FINISH
! 时间历程处理器
/POST26
NSOL,2,146,U,Z
/GRID,1
PLVAR,2
DERIV,3,2,1,,VCEN
DERIV,4,3,1,,ACEN
PLVAR,3
PLCAR,4
! 通用后处理器
```

```
/POST1
SET,LIST
PLDISP
ANTIME,30,0.5,,1,2,0,6
```

（2）某车载雷达瞬态动力学分析加载和求解的命令流。

```
/SOLU
ANTYPE,4
TRNOPT,FULL
CSYS,13
NSEL,S,LOC,X,0
CM,PAOZHENJIEDIAN,NODE
ALLSEL
TM_START=0.0000001
TM_END=0.005
TM_INCR=0.0005
A=0.00124244
B=628
I=0
*DO,TM,TM_START,TM_END,TM_INCR
  TIME,TM
  D,PAOZHENJIEDIAN,UX,A*SIN(B*TM)-490*0.00159236*TM
  NSUBST,1,10,1,1
  I=I+1
  LSWR,I
*ENDDO
LSCLEAR,ALL
*DO,TM,TM_END,2*TM_END,TM_INCR
  TIME,TM
  D,PAOZHENJIEDIAN,UX,0.780255*TM-0.00780255
  NSUBST,1,10,1,1
  I=I+1
  LSWR,I
*ENDDO
LSCLEAR,ALL
*DO,TM,2*TM_END+TM_INCR,3*TM_END,TM_INCR
  TIME,TM
  D,PAOZHENJIEDIAN,UX,0
```

```
    NSUBST,1,10,1,1
    I=I+1
    LSWR,I
 * ENDDO
LSCLEAR,ALL
 * DO,TM,3 * TM_END+TM_INCR,10 * TM_END,0.001
    TIME,TM
    D,PAOZHENJIEDIAN,UX,0
    NSUBST,1,10,1,1
    I=I+1
    LSWR,I
 * ENDDO
ALLSEL
LSSOLVE,1,I
```

（3）单自由度体系半正弦脉冲的时程反应（半正弦冲击）。

一般分成三个阶段进行加载分析：

① $T = 0 \sim (t_1 - \Delta t)$ 时间段内，以多个连续求解实现半正弦脉冲加载。

② $T = (t_1 - \Delta t) \sim t_1$ 时间段内为一个独立的载荷步，以确保 $t = t_1$ 为某个载荷步的结束时刻。

③ 在 $t > t_1$ 时间段为一个载荷步求解。

半正弦冲击载荷加载波形如图 3.8 所示。

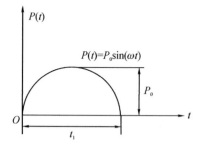

图 3.8　半正弦冲击载荷波形

```
OMG=6
T1=ACOS(-1)/OMG
/SOLU
ANTYPE,TRANS
OUTRES,ALL,ALL
AUTOTS,ON
```

```
KBC,0
! 分析第一小步
*Do,I,1E-5,T1-0.01,0.01
    TIME,T
    F,2,FX,P0*SIN(OMG*T)
    SOLVE
*ENDDO
! 分析第二小步
TIME,T1
F,2,FX,P0*SIN(OMG*T)
SOLVE
! 分析第三小步
TIME,3
KBC,1
F,2,FX,0
DELTIM,0.01,,0.01
SOLVE
```

（4）单自由度体系矩形脉冲的时程反应（矩形脉冲冲击）。

求解过程分为两个载荷步：第一载荷步时间为 $0 \sim t_1$，且其第一子步时间极小（1×10^{-8} s），也即在 1×10^{-8} s 内将力载荷施加到 P_0，然后自动时间步控制时间步长，但最大不超过 0.01 s；第二载荷步为 $t_1 \sim$ 某个时间如 2 s，同样该载荷步的子步继承上一载荷步的设置，即第一载荷子步时间极小并在此时间步长内完成卸载，其后由自动时间步控制时间步长，且最大不超过 0.01 s。（分析总时长应大于加载时间）。矩形脉冲冲击载荷加载波形如图 3.9 所示。

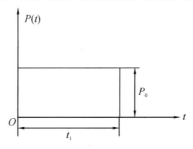

图 3.9　矩形脉冲冲击载荷波形

```
T1=0.4
/SOLU
ANTYPE,TRANS
OUTRES,ALL,ALL
```

```
AUTOTS,ON
KBC,1
TIME,T1
F,2,FX,P0
DELTIM,1E-8, ,0.01
SOLVE
TIME,2.0
F,2,FX,0
SOLVE
```

(5) 瞬态动力学分析中加载后突然卸载情况下的加载及求解命令流示例。

```
/SOLU
ANTYPE,TRANS
TRNOPT,FULL
OUTRES,ALL,ALL
TIMINT,OFF
F,4,FX,P
TIME,1.0
SOLVE

TIME,11
KBC,1
FDELE,4,ALL
TIMINT,ON
AUTOTS,ON
DELTIM,0.0001, ,0.01
SOLVE

/POST26
NSOL,2,2,U,X
PLVAR,2
```

3.6.5 谱分析理论、步骤与命令流

1. 谱分析简介

谱分析是一种将模态分析结果和已知谱联系起来计算结构响应的分析方法，谱分析分为时间-历程分析和频域的谱分析。时间-历程谱分析主要应用于

瞬态动力学分析。谱分析可以代替费时的时间-历程分析，主要用于确定结构
对随机载荷或时间变化载荷(地震、风载、海洋波浪、喷气发动机推力、火箭发
动机振动、路面随机振动等)的动力响应情况。谱分析的主要应用包括核电站
(建筑和部件)，机载电子设备(飞机/导弹)，宇宙飞船部件、飞机构件，任何承
受地震或其他不规则载荷的结构或构件，建筑框架和桥梁等。

　　所谓"谱"，是指谱值和频率的关系曲线，反映了时间-历程载荷的强度和
频率之间的关系。ANSYS 谱分析有三种类型：响应谱分析、动态设计分析方
法(Dynamic Design Analysis Method，DDAM)和功率谱密度(Power Spectral
Density，PSD)。而响应谱分析又分为单点响应谱(Single-point Response
Spectrum，SPRS)和多点响应谱(Multi-point Response Spectrum，MPRS)。响
应谱代表单自由度系统对一个时间-历程载荷函数的响应，是一个响应和频率
的关系曲线，其中响应谱可以是位移响应谱、速度响应谱、加速度响应谱、力
响应谱等。动态设计分析方法是一种用于分析船用装备抗震性的技术，它所使
用的谱是根据某些研究的经验公式和设计表得到的。功率谱密度是一种概率统
计方法，是对随机变量均方值的度量，功率谱密度是结构在随机载荷激励下响
应的统计结果，是一条功率谱密度值-频率值的关系曲线，其中功率谱密度可
以是位移功率谱密度、速度功率谱密度、加速度功率谱密度、力功率谱密
度等。

　　响应谱和动态设计分析方法都是定量分析技术，因为分析的输入输出数据
都是实际的最大值。但是功率谱密度分析是一种定性分析技术，分析的输入输
出数据都只代表它们在确定概率下的可能性发生水平。针对雷达天线而言，通
常需进行的分析为功率谱密度分析，以车载雷达天线的研制为例，其需考虑路
面随机振动载荷作用下其结构和电性能是否都满足要求，故在其研发过程中就
需对雷达天线模型进行随机振动分析(即 PSD 谱分析)。

2. 谱分析理论-随机振动理论

　　随机振动，即激励是一个随机过程 $F(t)$，$F(t_i)(i=1,2,3,\cdots,n)$ 为 $F(t)$ 对应的
随机变量，在随机变量 $F(t_i)$ 的统计特性中，自相关函数描述了同一随机过程的一
个时刻的状态与另一时刻的状态之间的依赖关系。表示两个状态之间的依赖关系。
自相关函数数学表达式如下：

$$R_F(t_1,t_2) = E[F(t_1)F(t_2)] \qquad (3-15)$$

　　若 $\tau = t_2 - t_1$，则上式可改写成

$$R_F(\tau) = E[F(t_1)F(t_1+\tau)] \qquad (3-16)$$

写成一般形式则可表示为

$$R_F(\tau) = E[F(t)F(t+\tau)] \tag{3-17}$$

自相关函数通过傅里叶变换得到自功率谱密度函数：

$$S_F(\omega) = \frac{1}{2\pi}\int_{-\infty}^{\infty} R_F(\tau)\mathrm{e}^{-\mathrm{j}\omega\tau}\,\mathrm{d}\tau \tag{3-18}$$

自功率谱密度函数能描述随机振动的频率构成。

　　针对频域的激励函数，需要得出频域下的系统响应函数，进而求解出振动系统的响应。对多自由度无阻尼系统的受迫振动而言，其解耦后的振动方程

$$m_i\ddot{q}_i(t) + kq_i(t) = F_{P_i}(t) \ (i=1,2,3,\cdots,n)$$

经过傅里叶变换得到

$$m_i\ddot{Q}_i(\omega) + kQ_i(\omega) = F_{P_i}(\omega) \ (i=1,2,3,\cdots,n) \tag{3-19}$$

式中，m、k 分别为系统的质量和刚度，$F_P(\omega)=\mathrm{e}^{\mathrm{j}\omega t}$ 为系统的激励。则系统的响应可写为

$$Q_i(\omega) = H_i(\omega)F_{P_i}(\omega) \tag{3-20}$$

式中，$H_i(\omega)$ 表达式如下：

$$H_i(\omega) = \frac{1}{k_i - m_i\omega^2} \quad (i=1,2,3,\cdots,n) \tag{3-21}$$

　　对于多自由度无阻尼系统，其脉冲响应函数与频率响应函数的关系如下：

$$H(\omega) = \frac{1}{2\pi}\int_{-\infty}^{\infty} h(t)\mathrm{e}^{-\mathrm{j}\omega t}\,\mathrm{d}t \tag{3-22}$$

求解 n 个解耦后的方程，并最终将每一阶的模态叠加，得到系统响应如下：

$$\begin{aligned}\{X(\omega)\} &= [P]\{Q(\omega)\} = [P]H(\omega)\{F_P(\omega)\} \\ &= [P]H(\omega)[P]^{\mathrm{T}}\{F(\omega)\}\end{aligned} \tag{3-23}$$

　　若振动系统的激励为随机过程 $F(t)$，系统产生的响应为随机过程 $X(t)$，$X(t_i)$ 为 $X(t)$ 对应的随机变量，$X(t_i)$ 的自相关函数为 $R_F(\tau)=E[F(t)F(t+\tau)]$，则响应的自功率谱密度如下：

$$S_X(\omega) = \frac{1}{2\pi}\int_{-\infty}^{\infty} R_F(\tau)\mathrm{e}^{-\mathrm{j}\omega\tau}\,\mathrm{d}\tau \tag{3-24}$$

　　由自相关函数的定义，以及系统的脉冲响应函数与频率响应函数的关系，傅里叶变换后可得功率谱密度函数矩阵如下：

$$[S_X(\omega)] = [\widetilde{P}][H^*(\omega)][\widetilde{P}]^{\mathrm{T}}[S_F(\omega)][\widetilde{P}][H(\omega)][\widetilde{P}]^{\mathrm{T}} \tag{3-25}$$

式中，$[H^*(\omega)]=[H(-\omega)]$，$[S_F(\omega)]$ 为激励的功率谱密度函数。

　　对于路面随机振动，其激励通常为加速度自功率谱密度函数，即一个加速度随频率变化的曲线，对应的响应结果为加速度自功率谱密度函数。而加速度自功率谱密度函数与位移自功率谱密度函数、速度自功率谱密度函数的关系

如下：

$$\begin{cases} [S_{\dot{X}}(\omega)] = \omega^2 [S_X(\omega)] \\ [S_{\ddot{X}}(\omega)] = \omega^4 [S_X(\omega)] \end{cases} \qquad (3-26)$$

式中，$[S_X(\omega)]$ 为位移功率谱，$[S_{\dot{X}}(\omega)]$ 为速度功率谱，$[S_{\ddot{X}}(\omega)]$ 为加速度功率谱。

　　根据加速度自功率谱密度函数与位移自功率谱密度函数的关系，可以求出响应的位移自功率谱密度函数。对于位移自功率谱密度函数，其自相关函数如下：

$$R_X(\tau) = E[X(t)X(t+\tau)] \qquad (3-27)$$

当 τ 取值为 0 时，根据自相关函数的定义有

$$E(y^2) = R_X(0) = \int_{-\infty}^{\infty} S_X(\omega)\mathrm{d}\omega \qquad (3-28)$$

　　在随机振动分析中，假定所有的量都是标准正态分布，即均值为零，则由方差、均方值与均值的关系 $\sigma_x^2(t_i)=\psi_x^2(t_i)-\mu_x^2(t_i)$ 可知，此时的方差等于均方值，进一步可以确定响应的对应的标准正态分布曲线。如图 3.10 所示，红色区域对应的概率为 68%，红色区域的边界值 $|U_{\mathrm{MAX}}|$ 即 ANSYS 求解结果中的 1σ 位移结果，表示该自由度的位移幅度取等于 $|U_{\mathrm{MAX}}|$ 或者小于 $|U_{\mathrm{MAX}}|$ 的值的概率为 68%。红色区域加橙色区域对应的概率为 95%，橙色区域的边界值 $|U_{\mathrm{MAX}}|$ 即 ANSYS 求解结果中的 2σ 位移结果，表示该自由度的位移幅度取等于 $|U_{\mathrm{MAX}}|$ 或者小于 $|U_{\mathrm{MAX}}|$ 的值的概率为 95%。红色区域加橙色区域加蓝色区域对应的概率为 98%，蓝色区域的边界值 $|U_{\mathrm{MAX}}|$ 即 ANSYS 求解结果中的 3σ 位移结果，表示该自由度的位移幅度取等于 $|U_{\mathrm{MAX}}|$ 或者小于 $|U_{\mathrm{MAX}}|$ 的值的概率为 98%。

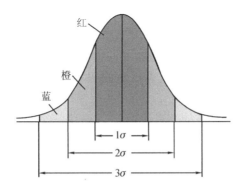

图 3.10　响应的标准正态分布曲线

3. 谱分析基本步骤

谱分析步骤如图 3.11 所示。

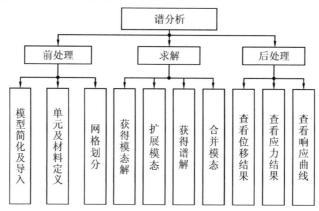

图 3.11　ANSYS 谱分析基本流程

1）建立有限元模型

（1）定义工作文件名和分析标题。

（2）定义单元类型、单元实常数及材料属性。

（3）建立模型或从其他外部程序导入模型，并进行网格划分得到有限元模型。

此阶段应注意以下几点：一是谱分析中只有线性行为是有效的，任何非线性单元均作为线性处理；二是必须通过弹性模量 EX 和密度 DENS 或其他形式的刚度和密度对材料的刚度和质量进行定义。

2）进行模态分析获得模态解

模态分析主要用于确定结构和设备零部件的振动特性，包括固有频率和模态振型，模态分析也是其他动力学分析的基础，在进行随机振动分析之前首先要对结构进行模态分析，其分析过程见 3.6.2 节内容。应注意以下几点：

（1）只能用 SUBSPACE 和 BLACK LANCZOS 法。

（2）所提取的模态数应足以表征在感兴趣的频率范围内结构所具有的响应。

（3）不要同时进行模态的扩展计算，可以后续有选择的扩展模态。

（4）若考虑与材料相关的阻尼，则必须在模态分析中定义。

（5）必须在施加激励谱的位置添加自由度约束。

（6）求解结束退出 SOLUTION 处理器。

3）扩展模态

对于谱分析而言只有扩展后的模态才可进行后续的模态合并操作，整个模态扩展的过程与 3.6.2 小节模态分析内容基本相同,若关心谱分析产生的应力,应在扩展过程中指定进行应力计算。对于复杂结构的谱分析,扩展模态时往往不是扩展所有模态,而是选择有意义的模态进行扩展,可通过设置 MXPAND命令中有关参数实现此操作。同时,模态扩展可以作为一个独立的求解过程,也可以放在模态分析阶段。

4)进行谱分析获得谱解

(1)重新进入 ANSYS 求解器。

　　/SOLU

(2)定义谱分析类型并进行载荷施加。

ANTYPE,SPECTR　　　　　　　　　　! 定义分析类型为谱分析(或 ANTYPE,8)

SPOPT,Sptype,NMODE,ELCALC　　　! 进行求解有关设置

· Sptype:定义谱分析类型,可为 SPRS、MPRS、DDAM 或 PSD。

· NMODE:定义求解所需扩展的模态数,一般扩展模态数越多结果越精确,但也会相应增加求解时间和内存。

· ELCALC:指定是否计算单元应力,只有当 Sptype＝PSD 时有效。若为 NO 则不计算单元应力(默认),若为 YES 则计算单元应力。

SVTYP,KSV,FACT,KeyInterp　　　! 定义单点响应谱分析的类型(仅响应谱分析)

· KSV:定义单点响应谱类型。0 为地震速度响应谱,1 为力响应谱,2 为加速度响应谱,3 为地震位移响应谱。

· FACT:所施加响应谱值的缩放因子,默认为 1.0。

· KeyInterp:响应谱点与输入响应谱之间是否使用线性插值的控制选项。若为 0 则禁用线性插值使用对数插值,为默认选项;若为 1 则激活线性插值。

SED,SEDX,SEDY,SEDZ,Cname　　! 定义响应谱和 PSD 分析激励施加的方向

· SEDX、SEDY、SEDZ:点的全局笛卡尔坐标,该点定义了一条与激励方向相对的矢量线(通过原点)。例如:

　　0.0、1.0、0.0

表示将全局 Y 定义为频谱方向。

· Cname:激励施加节点组件名,仅适用于基础激励的多点响应频谱分析(SPOPT,MPRS)和功率频谱密度分析(SPOPT,PSD)。默认为无组件。

对于响应谱分析,施加响应谱载荷的命令如下:

FREQ,FREQ1,FREQ2,FREQ3,…,FREQ9　　　　! 定义响应谱频率表

SV,DAMP,SV1,SV2,SV3,SV4,SV5,SV6,SV7,SV8,SV9　! 定义频率对应的谱值

对于 PSD 功率谱密度分析,施加功率谱密度载荷的命令如下:

```
PSDUNIT,TBLNO,TYPE,GVALUE        ! 指定功率谱密度的类型
```

- TBLNO：功率谱密度–频率表编号。
- TYPE：指定功率谱密度的类型。具体取值及含义如下：

① DISP——位移谱（位移^2/Hz）；

② VELO——速度谱（速度^2/Hz）；

③ ACEL——加速度谱（加速度^2/Hz）；

④ ACCG——也为加速度谱但单位不同（g^2/Hz）；

⑤ FORC——力谱（力^2/Hz）；

⑥ PRES——压力谱（压力^2/Hz）；

⑦ 缺省为加速度谱 ACEL。

- GVALUE：仅 TYPE＝ACCG 时不同单位制的重力加速度值，缺省为 9.8 m/s^2。

```
PSDFRQ,TBLNO1,TBLNO2,FREQ1,FREQ2,FREQ3,FREQ4,FREQ5,FREQ6,
FREQ7PSDVAL,TBLNO,SV1,SV2,SV3,SV4,SV5,SV6,SV7
                         ! 定义功率谱密度频率二维表
```

（3）谱分析阻尼的定义。谱分析可定义的阻尼有质量阻尼、刚度阻尼、恒定阻尼比、振型阻尼，其定义命令如下：

```
ALPHAD, VALUE            ! 定义质量阻尼
BETAD, VALUE             ! 定义刚度阻尼
DMPRAT, RATIO            ! 定义恒定阻尼比，设置所有频率取恒定的阻尼
MDAMP, STLOC, V1，V2，V3，V4，V5，V6   ! 定义与频率相关阻尼比
```

（4）开始求解。

```
ALLSEL
SOLVE
FINISH
```

对于 PSD 谱分析，还需计算模态参与因子，并对输出结果进行响应设置，然后方可进行求解，相关命令流如下：

```
PFACT, TBLNO, Excit, Parcor   ! 计算参与因子
PSDRES, Lab, RelKey           ! 控制 PSD 谱分析结果输出
```

例如：

```
PSDRES,DISP,ABS
```

表示输出位移解，结果写入结果文件第三个载荷步。

```
PSDRES,VELO,ABS
```

表示输出速度解，结果写入结果文件第四个载荷步。

```
PSDRES,ACEL,ABS
```

表示输出加速度解,结果写入结果文件第五个载荷步。

5) 合并模态

(1) 对于响应谱分析,模态合并可选 SRSS、CQC、DSUM、GRP 或 NRL-SUM 方法。相关命令如下:

SRSS,SIGNIF,Label,AbsSumKey,ForceType

CQC,SIGNIF,Label,,ForceType

DSUM,SIGNIF,Label,TD,ForceType

GRP,SIGNIF,Label,,ForceType

NRLSUM,SIGNIF,Label,LabelCSM,ForceType

以上命令中,通过参数 SIGNIF 定义要合并的模态范围,只有重要性指标大于 SIGNIF 的模态才可被合并,Label 用于定义相应计算输出项,可为 DISP、VELO、ACEL。

(2) 对于 PSD 谱分析(随机振动分析),只有 PSD 模态合并方法。该方法将计算结构中的 1σ 位移、应力等,如果没有执行 PSDCOM 命令,程序将不计算结构的 1σ 响应。有关命令如下:

PSDCOM,SIGNIF,COMODE,,ForceType

6) 查看分析结果

(1) 对于响应谱分析,查看分析结果进入/POST1 通用后处理器后需首先读入 Jobname. MCOM 文件,否则无法进行结果查看。读入文件后方可进行云图等结果的查看。读入 Jobname. MCOM 文件操作过程如下:

GUI 方式:

Utility Menu→File→Read Input From

命令流:

/INPUT,Fname,Ext,Dir,LINE,LOG

(2) 对于 PSD 谱分析(随机振动分析),其结果数据形式如表 3.7 所示,包含 5 个载荷步的结果,分别为模态分析的扩展模态解、PSD 激励的单位静力解、1σ 位移解、1σ 速度解和 1σ 加速度解。若要查看仿真分析结果的 3σ 解,将 SET 命令的 FACTOR 参数设置为 3 即可。

表 3.7　PSD 谱分析结果文件数据结构形式

载荷步	子步	结果内容
1	1	第 1 阶扩展模态解
	2	第 2 阶扩展模态解
	3	第 3 阶扩展模态解
	...	...

续表

载荷步	子步	结果内容
2	1 2 …	第 1 个 PSD 表的单位静态解 第 2 个 PSD 表的单位静态解 …
3	1	1σ 位移解
4	1	1σ 速度解
5	1	1σ 加速度解

在谱分析中/POST1 通用后处理器中查看结果的有关命令如下：

/POST1

SET，Lstep，Sbstep，Fact，KIMG，TIME，ANGLE，NSET，ORDER

PLNSOL，Item，Comp，KUND，Fact，FileID

谱分析中/POST26 计算响应的 PSD 有关的命令如下：

/POST26

STORE，PSD，NPTS

NSOL，NVAR，NODE，Item，Comp，Name，SECTOR

ESOL，NVAR，ELEM，NODE，Item，Comp，Name

RFORCE，NVAR，NODE，Item，Comp，Name

RPSD，IR，IA，IB，ITYPE，DATUM，Name，—，SIGNIF

PLVAR，NVAR1，NVAR2，NVAR3，NVAR4，NVAR5，NVAR6，NVAR7，

NVAR8，NVA9

4. ANSYS 谱分析命令流

(1) 某案例 ANSYS 响应谱分析求解及加载阶段命令流。

```
/SOLU
ANTYPE,MODAL                  ! 模态分析
MODOPT,LANB,3                 ! BLOCK LANCZOS 提取 3 阶模态
MXPAND,1,,,YES                ! 扩展第一阶模态并计算单元应力
OUTPR,BASIC,1
SOLVE
FINISH


/SOLU
ANTYPE,SPECTR                 ! 分析类型为谱分析
SPOPT,SPRS                    ! 单点响应谱
```

SED,,1	! 谱加载方向为全局坐标系 Y 轴方向
SVTYP,3	! 单点响应谱类型为地震位移响应谱
FREQ,0.1,10	! 定义谱值-频率表
SV, ,0.44,0.44	! 频率点对应的谱值
SRSS,0.15,DISP	! 模态合并选用 SRSS 方法,合并模态阈值 为 0.15,输出位移结果
SOLVE	
FINISH	

(2) ANSYS PSD 谱分析的命令流。

!!!!!!!!!!!!!!!!!!!!!!!!!! 建立有限元模型!!!!!!!!!!!!!!!!!!!!!!!!!	
/FILNAM,	! 定义工作文件名
/TITLE,	! 定义分析标题
/PREP7	! 进入 PREP7
...	! 建立有限元模型
FINISH	
!!!!!!!!!!!!!!!!!!!!!!!! 获得模态解!!!!!!!!!!!!!!!!!!!!!!!!!!!!!!	
/SOLU	! 进入 SOLUTION 求解器
ANTYPE,MODAL	! 模态分析类型
MODOPT,LANB	! 模态分析求解方法为 Block Lanczos 法
MXPAND, ...	! 模态扩展
D, ...	! 添加约束
SAVE	
SOLVE	! 求解
FINISH	
!!!!!!!!!!!!!!!!!!!!!!!!!!! 获得谱解!!!!!!!!!!!!!!!!!!!!!!!!!!!	
/SOLU	! 重新进入 SOLUTION 求解器
ANTYPE,SPECTR	! 谱分析
SPOPT,PSD, ...	! 谱分析类型为 PSD 谱分析并进行有关参数 设置
PSDUNIT, ...	! PSD 谱类型
PSDFRQ, ...	! 定义频率-谱值表
PSDVAL, ...	! 频率点对应谱值
DMPRAT, ...	! 定义阻尼
D,0	! 基础激励
SED,	! 定义激励施加方向
PFACT, ...	! 计算参与因子
PSDRES, ...	! 结果输出设置

```
SAVE
SOLVE
FINISH
!!!!!!!!!!!!!!!!!!!!!! 用 PSD 方法合并模态!!!!!!!!!!!!!!!!!!!!!!!
/SOLU                          ! 重新进入 SOLUTION 求解器
ANTYPE,SPECTR                   ! 谱分析
PSDCOM,SIGNIF,COMODE            ! PSD 模态合并方法
SOLVE
FINISH
!!!!!!!!!!!!!!!!!!!!! 查看结果!!!!!!!!!!!!!!!!!!!!!!!!!!!!!!!!!!!
/POST1                          ! 进入 POST1 通用后处理器
SET, ...                        ! 读取结果
...                             ! (PLDISP; PLNSOL; NSORT; PRNSOL; 等)
FINISH
!!!!!!!!!!!!!!!!!!!! 计算响应 PSD!!!!!!!!!!!!!!!!!!!!!!!!!!!!!
/POST26                         ! 进入 POST26 时间历程后处理器
STORE,PSD
NSOL,2,...                      ! 定义变量 2
RPSD,3,2,,...                   ! 计算响应 PSD(变量 3)
PLVAR,3                         ! 绘制响应 PSD 图
```

(3) 某车载雷达路面随机振动谱分析加载及求解命令流。

```
CSYS,13
ASEL,S,LOC,X,0
NSLA,S
CM,DIZUOJIEDIAN,NODE    ! 创建底座节点组件,施加 PSD 位置为基础激励
D,ALL,ALL
ALLS
/SOLU                          ! 模态分析
ANTYPE,MODAL
MODOPT,LANB,200
SOLVE
FINI
/SOLU
ANTYPE,MODAL,RESTART
MXPAND,,,,YES,,YES,MODM ! 根据有效质量系数进行模态扩展操作
MODSELOPTION,0.9,0.9,0.9,NO,NO,NO
SOLVE
```

```
FINISH

/SOLU
CSYS,0                              ! 谱分析
ANTYPE,8
SPOPT,PSD,,1
PSDUNIT,1,ACCG,9.8
PSDFRQ,1,,5,7,8,14,16,
PSDFRQ,1,,17,19,23,116,145
PSDFRQ,1,,164,201,270,298,364
PSDFRQ,1,,375,394,418,500,
PSDVAL,1,0.1334,0.1075,0.1279,0.0366,0.0485
PSDVAL,1,0.0326,0.0836,0.0147,0.0008,0.0013
PSDVAL,1,0.0009,0.0009,0.0051,0.0021,0.0099
PSDVAL,1,0.0019,0.0073,0.0027,0.0016,
ALPHAD,0,                          ! 阻尼参数的定义
BETAD,0.003,
DMPRAT,,                           ! 默认 2% 阻尼比
CMSEL,S,DIZUOJIEDIAN
SED,0,1,0,DIZUOJIEDIAN             ! 定义施加 PSD 的方向
ALLS
PFACT,1,BASE                       ! 计算模态参与因子
PSDRES,DAP,ABS
PSDRES,VELO,ABS
PSDRES,ACEL,ABS
SOLVE
FINISH

/SOLU                             ! 模态合并
ANTYPE,8
PSDCOM,0.005,
SOLVE
FINISH
```

3.6.6 热分析简述、步骤与命令流

1. ANSYS 热分析简述

热分析通常用于计算一个系统或部件的温度分布及其他热物理参数,如热

量的获取或损失、热梯度、热流密度（热通量）、热应力等。热分析在许多工程
应用中扮演重要角色，如内燃机、涡轮机、换热器、管路系统、电子元件等，对
于雷达天线等通信装备而言，热分析主要为了考察热导致的天线阵面变形对电
性能的影响。

　　ANSYS 热分析基于能量守恒原理的热平衡方程，利用有限元方法计算各
节点的温度或热应力，从而导出其他的热物理参数。ANSYS 热分析主要包括
传导、对流、辐射三种热传递方式，就 ANSYS 热分析而言，主要分为两大类，
即传统的热分析和热耦合分析。热分析又可进一步分为稳态传热（系统的温度
场不随时间变化）和瞬态传热（系统的温度场随时间明显变化），热耦合分析主
要是将热分析与其他类型的分析结合起来进行分析，包括热-结构耦合分析、
热-流体耦合分析、热-电耦合分析、热-磁耦合分析和热-电-磁-结构耦合分
析。对于雷达天线研制而言，热分析主要进行的是热应力耦合分析，通过仿真
分析，研究热变形对天线电性能的影响。

　　ANSYS 中热分析使用的符号与单位如表 3.8 所示。

表 3.8　ANSYS 热分析中使用的单位

物理量	国际单位	英制单位	ANSYS 代号
长度	m	ft	/
时间	s	s	/
质量	kg	lbm	/
温度	℃	°F	/
力	N	lbf	/
能量（热量）	J	BTU	/
功率（热流）	W	BTU/sec	/
热流密度	W/m^2	$BTU/sec\text{-}ft^2$	/
生热速率	W/m^3	$BTU/sec\text{-}ft^3$	/
导热系数（材料属性）	W/m℃	BTU/sec-ft-°F	KXX
对流系数	$W/m^2℃$	$BTU/sec\text{-}ft^2\text{-}°F$	HF
密度（材料属性）	kg/m^3	lbm/ft^3	DENS
比热（材料属性）	J/kg℃	BTU/lbm-°F	C
焓	J/m^3	BTU/ft^3	ENTH

2. ANSYS 热分析的边界条件、热分析单元和常见材料热物理参数

1）ANSYS 热分析的边界条件

对于 ANSYS 热分析而言，其提供的边界条件或者初始条件可以分为温度、热流率、热流密度、对流、辐射、绝热和生热。各种方式边界条件定义的命令如下：

（1）施加温度载荷。温度载荷通常作为自由度约束施加在温度已知的边界上，其施加命令如下：

　　　D，Node，Lab（TEMP），VALUE，VALUE2，NEND，NINC，Lab2，Lab3，Lab4，Lab5，Lab6

（2）热流率。热流率作为节点集中载荷，只用于线单元模型，输入为正值时表示热流流入节点，即单元获取热量，其施加命令如下：

　　　F，NODE，Lab(HEAT)，VALUE，VALUE2，NEND，NINC

（3）对流载荷。对流作为面载荷施加在实体的外表面或表面效应单元上，计算与流体的热交换，其施加命令如下：

　　　SF，Nlist，Lab(CONV)，VALUE，VALUE2

（4）热流密度。热流密度是通过单位面积的热流率，作为面载荷施加在实体的外表面或表面效应单元上，输入正值时表示热流流入单元，其施加命令如下：

　　　SF，Nlist，Lab(HFLUX)，VALUE，VALUE2

（5）生热率。生热率作为体载荷施加在单元上，可以模拟化学反应生热或电流生热，单位是单位体积的热流率，其施加命令如下：

　　　BF，Node，Lab(HGEN)，VAL1，VAL2，VAL3，VAL4，VAL5，VAL6

2）ANSYS 热分析单元

（1）常用的热分析单元如表 3.9 所示。

表 3.9　ANSYS 热分析单元

单元类型	ANSYS 单元	单元说明
线性单元	LINK31	2 节点热辐射单元
	LINK32	二维 2 节点热传导单元
	LINK33	三维 2 节点热传导单元
	LINK34	2 节点热对流单元

单元类型	ANSYS 单元	单元说明
二维单元	PLANE35	6 节点三角形单元
	PLANE55	4 节点四边形单元
	PLANE75	4 节点轴对称单元
	PLANE77	8 节点四边形单元
	PLANE78	8 节点轴对称单元
三维实体单元	SOLID70	8 节点六面体单元
	SOLID87	10 节点四面体单元
	SOLID90	20 节点六面体单元
壳单元	SHELL57	4 节点热壳单元
质量单元	MASS71	质量单元

（2）对热分析而言，其温度场和应力场单元对应关系如表 3.10 所示。

表 3.10　ANSYS 热分析温度场和应力场单元对应关系

温度场	应力场	温度场	应力场
MASS71	MASS21	PLANE55	PLANE182
LINK33	LINK180	PLANE77	PLANE183
LINK68	LINK8	SHELL131	SHELL181
PLANE35	PLANE2	SHELL132	SHELL281
SHELL157	SHELL63	SOLID87	SOLID187
SURF151	SURF153	SOLID90	SOLID186
SURF152	SURF154	SOLID278	SOLID185
SOLID70	SOLID185	SOLID279	SOLID186

（3）热-应力耦合单元及其自由度如表 3.11 所示。

表 3.11　ANSYS 热-应力耦合单元及其自由度

单元	自由度
PLANE223	UX、UY、TEMP、VOLT、CONC
SOLID226	UX、UY、UZ、TEMP、VOLT、CONC
SOLID227	UX、UY、UZ、TEMP、VOLT、CONC
SOLID5	UX、UY、UZ、TEMP、VOLT、CONC
PLANE13	UX、UY、TEMP、VOLT、AZ
SOLID98	UX、UY、UZ、TEMP、VOLT、MAG

3）常见材料热物理参数

水、铜、铁热性能参数如表 3.12 所示。

表 3.12　材料热物理参数

热性能	单位	水	铜	铁
导热系数 KXX	W/(m·℃)	0.61	383	70
密度 DENS	kg/m³	996	8889	7833
比热容 C	J/(kg·℃)	4185	390	448

3. ANSYS 热分析步骤

ANSYS 热分析主要分为稳态热分析、瞬态热分析和热应力分析，下面对三种分析的分析步骤及所用的关键命令予以介绍。

1）稳态热分析

稳态热分析用于研究稳态热载荷对结构的影响，通常在进行瞬态热分析之前进行稳态热分析，以确定结构的初始温度分布。稳态热分析可以计算由于稳定的热载荷引起的温度、热梯度、热流率、热流密度等热参数，其基本分析过程如下：

（1）建立有限元模型。

建模过程与一般类型问题的分析过程大致一样：

① 分析前的准备工作。准备工作主要有：建立分析的文件夹，定义工作文件名，添加分析标题并选择合适的单位，热分析建议采用国际单位制。

② 进入前处理器定义单元类型、设置单元关键字、定义单元实常数。

③ 定义材料热性能参数。对于稳态传热分析一般只需要定义材料的导热系数，材料的导热系数可以是恒定的，也可以是随温度变化的。

④ 建立分析几何模型并划分网格得到用于分析的有限元模型。

（2）施加载荷并求解。

① 进入 ANSYS 求解器（/SOLU）。

② 定义分析类型为静态分析（ANTYPE，STATIC）。

③ 施加载荷。稳态热分析的载荷有温度、热流率、对流、热流密度和生热率。加载 GUI 方式及相应的 APDL 如下：

恒定温度载荷：

GUI：Main Menu → Solution → Loads → Define Loads → Apply → Thermal → Temperature

D，Node，Lab（TEMP），VALUE，VALUE2，NEND，NINC，Lab2，Lab3，Lab4，

Lab5，Lab6

热流率：

GUI：Main Menu→Solution→Loads→Define Loads→Apply→Thermal→Heat Flow

F，NODE，Lab(HEAT)，VALUE，VALUE2，NEND，NINC

对流边界：

GUI：Main Menu→Solution→Loads→Define Loads→Apply→Thermal→Convection

SF，Nlist，Lab(CONV)，VALUE，VALUE2

热流密度：

GUI：Main Menu→Solutionr→Loads→Define Loads→Apply→Thermal→Heat Flux

SF，Nlist，Lab(HFLUX)，VALUE，VALUE2

生热率：

GUI：Main Menu→Solution→Loads→Define Loads→Apply→Thermal→Heat Generat

BF，Node，Lab(HGEN)，VAL1，VAL2，VAL3，VAL4，VAL5，VAL6

④ 设定求解载荷步选项。对于热分析，可以确定普通选项、非线性选项以及输出控制。与之有关的命令如下：

TIME，	! 定义时间
NSUBST，	! 载荷子步定义
KBC，	! 载荷加载类型，阶跃或斜坡
AUTOTS，	! 自动时间步长选项

⑤ 保存数据库。

APDL：SAVE

GUI：Tool bar→SAVE_DB

⑥ 求解。

ALLSEL

SOLVE

（3）查看分析结果。

ANSYS 热分析结果一般写入 ＊.rth 文件中，其包括基本的节点温度数据和导出的节点与单元热流密度、热梯度、单元热流率等数据，进入/POST1 通用后处理器中可进行云图或数据列表的查看。有关的命令如下：

SET，Lstep，Sbstep，Fact，KIMG，TIME，ANGLE，NSET，ORDER

! 读入载荷步

　　PLNSOL，Item，Comp，KUND，Fact，FileID　　　　　　　　　　! 显示温度云图

　　PLESOL，Item，Comp，KUND，Fact

　2) 瞬态热分析

　　瞬态传热分析用于计算结构随时间变化的温度场及其他热参数，在工程上一般用瞬态传热分析计算温度场，并将之作为热载荷进行后续的应力分析。瞬态传热分析的基本步骤与稳态热分析类似，主要的区别是瞬态传热分析中的载荷是随时间变化的。其基本分析过程如下：

　　(1) 建立有限元模型。

　　瞬态传热分析中，定义的材料热性能参数有导热系数、密度和比热，其余的建模过程与稳态热分析类似。

　　(2) 施加载荷并进行求解。

　　① 进入 ANSYS 求解器(/SOLU)。

　　② 定义分析类型为瞬态动力学分析(ANTYPE，TRANS)。

　　③ 指定分析求解方法(TRNOPT，FULL/MSUP/REDUCE)。

　　④ 确定绝对零度(TOFFST，VALUE)。若使用的温度单位是摄氏度，则 VALUE 值为 273；若使用的温度单位是华氏度，则 VALUE 值为 460。

　　⑤ 获得瞬态分析的初始条件。瞬态传热分析的初始条件分为两种情况：一是初始温度场已知；二是初始温度场未知。下面介绍两种初始条件的设定。

　　a. 初始温度场已知：若结构初始温度场是已知的，则定义过程可能用到的命令如下：

　　　　TUNIF，TEMP　　　　! 在所有节点定义均匀的初始温度场

　　　　TREF，TREF　　　　! 设定参考温度

　　　　D，Node，Lab，VALUE，VALUE2，NEND，NINC，Lab2，Lab3，Lab4，Lab5，
　　　　Lab6　　　　　　! 设置节点温度

　　与 TUNIF 命令设定的均匀初始温度不同，D 命令设定的节点温度将保持贯穿整个瞬态分析过程，除非通过 DDELE 命令删除此约束，而 TUNIF 命令设定的均匀初始温度仅对分析的第一个子步有效。

　　　　IC，NODE，Lab，VALUE，VALUE2，NEND，NINC　　! 设定非均匀的初始温度

　　b. 初始温度场未知：如果结构的初始温度场不均匀且未知，就必须首先进行稳态热分析确定初始条件。步骤如下：首先设定载荷(如已知的温度等载荷)并关闭时间积分(TIMINT，OFF)；然后设定仅包含一个载荷子步的载荷步，写入载荷步文件或直接进行求解。有关命令如下：

　　　　TIME，time

　　　　LSWRITE，1

```
                                   SOLVE
```

⑥ 设定瞬态热分析载荷步选项（线性分析）。设定载荷步选项有关命令
如下：

TIME，	! 定义时间
NSUBST，	! 载荷子步定义
DELTIM，DTIME，DTMIN，DTMAX，Carry	! 定义载荷子步
KBC，	! 载荷加载类型，阶跃或斜坡
AUTOTS，	! 自动时间步长选项
TIMINT，Key，Lab	! 时间积分选项

⑦ 备份数据库然后求解。

```
                                   SAVE
                                   ALLSEL
                                   SOLVE
```

（3）查看分析结果。

对于动力学分析，ANSYS 提供了两种结果查看的后处理方式，即
/POST1通用后处理器和/POST26 时间历程后处理器。/POST1 通用后处理器
用于对整个模型在某一载荷步（时间点）的结果进行后处理；/POST26 时间历
程后处理器用于对模型中特定点在所有载荷步（整个瞬态过程）的结果进行后
处理。有关命令流如下：

/POST1	! 进入通用后处理器
SET，Lstep，Sbstep，Fact，KIMG，TIME，ANGLE，NSET，ORDER	
	! 读入结果数据
PLNSOL，Item，Comp，KUND，Fact，FileID	! 显示温度云图
/POST26	! 进入时间历程后处理器
NSOL，NVAR，NODE，Item，Comp，Name，SECTOR	! 定义节点数据变量
ESOL，NVAR，ELEM，NODE，Item，Comp，Name	! 定义单元数据变量

**PLVAR，NVAR1，NVAR2，NVAR3，NVAR4，NVAR5，NVAR6，NVAR7，NVAR8，
NVAR9**

3）ANSYS 热应力分析

当一个结构系统的温度发生变化时，由于材料的热胀冷缩特性，结构会发
生一定程度的变形，若结构上各部分膨胀和收缩的程度不同或结构膨胀收缩受
到限制，就会产生热应力。对于一些结构而言，不仅要关心其在热载荷下的结
构温度分布，也要了解温度变化所引起的结构应力分布。ANSYS 中热应力分
析方法分为三种，即直接法、间接法和热-结构耦合法。

（1）直接法。直接法适用于节点温度已知的情况，分析中直接将节点温度

作为体载荷施加于节点,分析单元采用耦合单元。

(2) 间接法。间接法适用于节点温度未知的情况,一般先进行热分析得到结构节点的温度分布,然后把温度作为体载荷施加到结构节点上进行结构分析。间接法可以使用所有热分析和结构分析的功能,对大多数情况的热应力分析都推荐使用间接法。当热分析是瞬态的时候,需要找到温度梯度最大时间点,并将该时间点的结构温度作为体载荷施加到结构节点上。

(3) 热-结构耦合法。若考虑热结构的耦合作用,则使用具有温度和位移自由度的耦合单元进行分析,同时施加温度载荷和约束,从而得到热分析和结构分析的结果。

热应力分析中间接法较为常用,故本书主要介绍热应力分析间接法的分析过程。

(1) 进行热分析。首先进行热分析得到结构的温度分布,根据实际情况对模型进行稳态或瞬态热分析,整个稳态或瞬态热分析过程与本小节前面所述内容相同。

(2) 进行结构热应力分析。

① 重新进入前处理,将热单元转换为对应的结构单元。转换命令如下:

　　　ETCHG,TTS　　　! 热单元转换为相应的结构单元

单元转换对应关系如表 3.13 所示。

表 3.13　ANSYS 热分析温度场和应力场单元对应关系

温度场	应力场	温度场	应力场
MASS71	MASS21	PLANE55	PLANE182
LINK33	LINK180	PLANE77	PLANE183
LINK68	LINK8	SHELL131	SHELL181
PLANE35	PLANE2	SHELL132	SHELL281
SHELL157	SHELL63	SOLID87	SOLID187
SURF151	SURF153	SOLID90	SOLID186
SURF152	SURF154	SOLID278	SOLID185
SOLID70	SOLID185	SOLID279	SOLID186

② 定义结构热应力分析的材料属性(如弹性模量、热膨胀系数、泊松比),并进行其他前处理操作(如刚性连接、节点耦合等)。可能用到的命令如下:

　　　MP,EX,1,VALUE　　　　! 定义材料弹性模量

　　　MP,PRXY,1,VALUE　　　! 定义材料的泊松比

　　　　MP，ALPX，1，VALUE　　　　! 定义材料的热膨胀系数

　　　　CERIG，MASTE，SLAVE，Ldof，Ldof2，Ldof3，Ldof4，Ldof5　　! 刚性连接

　　③ 读入热分析的节点温度。热应力分析结构分析阶段读入热分析的结果文件，如果热分析是瞬态的，则读入热梯度为最大时的时间点或者载荷步，将节点温度作为体载荷施加。相应的命令如下：

　　　　LDREAD，Lab，LSTEP，SBSTEP，TIME，KIMG，Fname，Ext，— ! 读入热分析结果

　　④ 定义参考温度。

　　　　TREF，TREF　　　　　　　　　　　　　　　　　! 定义参考温度

　　⑤ 进行结构求解。

　　　　ALLSEL

　　　　SOLVE

　　（3）结果后处理。

　　分析结束后，查看结构变形及应力分布情况。相应命令如下：

　　　　PLDISP，KUND　　　　　　　　　　　　! 查看结构变形情况

　　　　PLNSOL，Item，Comp，KUND，Fact，FileID　　! 查看结构应力及位移分布

3.7　动力学分析中阻尼设置技术

　　阻尼是用来度量系统自身消耗振动能量的能力的物理量。对于实际的结构系统而言，无阻尼自由振动是一种理想的振动状态，实际的振动系统总不可避免地存在阻尼因素，阻尼作为动力学分析的特性之一，在仿真分析中应考虑阻尼对结构响应的影响。在考虑阻尼时应注意以下几点：

　　（1）动力学分析中，采用完全法和模态叠加法时定义的阻尼是不同的，完全法时采用的是节点坐标系，而模态叠加法时采用的总体坐标系。在完全法的动力学分析中（模态分析、谐响应分析、瞬态动力学分析），结构系统方程的阻尼矩阵表达式如下：

$$[C] = \alpha[M] + \beta[K] + \left(\frac{\xi}{\pi f}\right)[K] + \sum_{j=1}^{M} \beta_j [K_j] + \sum_{k=1}^{N} [C_k] \qquad (3-29)$$

式中，α 为常值质量阻尼（α 阻尼）（ALPHAD，VALUE 命令定义），β 为常值刚度阻尼（β 阻尼）（BETAD，VALUE 命令定义），ξ 为常值阻尼比，f 为当前的频率（DMPRAT，VALUE 命令定义），β_j 为第 j 种材料的常值刚度矩阵系数（MP，DAMP，命令定义），$[C_k]$ 为单元阻尼矩阵（支持该形式阻尼的单元）。

　　对模态叠加法的谐响应分析、瞬态动力学分析和谱分析，动力学求解方程如下：

$$\{\phi_i\}^{\mathrm{T}}\{F\} = \{\ddot{y_i}\} + 2\omega_i\xi_i\{\dot{y}\} + \omega_i^2\{y_i\} \tag{3-30}$$

采用模态叠加法时，ANSYS 对模态阻尼比和结构阻尼比是直接使用的，对其他阻尼则是计算多种阻尼产生的模态阻尼比来计算各模态的响应。各种阻尼输入下，ANSYS 程序计算出的第 i 阶模态的总模态阻尼比为

$$\xi_i^{\text{total}} = \frac{\alpha}{2\omega_i} + \frac{\beta\omega_i}{2} + \xi + \xi_{mi} + \frac{\sum\limits_{j=1}^{M}\xi_jE_j^s}{\sum\limits_{j=1}^{M}E_j^s} \tag{3-31}$$

式中，α 为常值质量阻尼（ALPHAD, VALUE 命令定义），β 为常值刚度阻尼（β阻尼）（BETAD, VALUE 命令定义），ξ 为常值阻尼比（DMPRAT, VALUE 命令定义），ξ_{mi} 为第 i 阶模态的常值阻尼比（MDAMP, STLOC, V1, V2, V3, V4, V5, V6 定义），ξ_j 为第 j 个材料的阻尼系数（MP, DAMP, MAT, VALUE 命令定义）。

（2）在 ANSYS 动力学分析中可指定五种形式的阻尼，即瑞雷阻尼、和材料相关的阻尼、恒定阻尼比、振型阻尼和单元阻尼。不同分析类型可用的阻尼总结如表 3.14 所示。

表 3.14　ANSYS 不同分析类型可用的阻尼

分析类型		α、β阻尼 [ALPHAD, BETAD]	材料相关阻尼 [MP, DAMP]	恒定阻尼比 [DMPRAT]	振型阻尼 [MDAMP]	单元阻尼[3] (COMBIN7 等)
静力学分析		N/A	N/A	N/A	N/A	N/A
模态分析	无阻尼	NO[5]	NO[5]	NO[5]	NO	NO
	有阻尼	YES	YES	NO	NO	YES
谐响应分析	完全法	YES	YES	YES	NO	YES
	缩减法	YES	YES	YES	NO	YES
	模态叠加法	YES[6]	YES[4, 6]	YES[7]	YES[7]	YES[6]
瞬态动力学分析	完全法	YES	YES	NO	NO	YES
	缩减法	YES	YES	NO	NO	YES
	模态叠加法	YES[6]	YES[4, 6]	YES[7]	YES[7]	YES[6]
谱分析	SPRS, MPRS[2]	YES[1]	YES	YES	YES	NO
	DDAM[2]	YES[1]	YES	YES	YES	NO
	PSD[2]	YES	NO	YES	YES	NO
屈曲分析		N/A	N/A	N/A	N/A	N/A
子结构		YES	YES	NO	NO	YES

表注：

- N/A 表示不能使用；
- [1]表示只可用 β 阻尼，不可用 α 阻尼；
- [2]表示阻尼只用于模态合并，不用于计算模态系数；
- [3]表示包括超单元阻尼矩阵；
- [4]表示如果经模态扩展转换成了振型阻尼；
- [5]表示如果指定了，程序会计算出一个用于随后的谱分析的有效阻尼比；
- [6]表示如果使用 QR 阻尼模态提取方法[MODOPT,QRDAMP]，在前处理或模态分析过程中指定任何阻尼，但 ANSYS 在执行模态叠加分析时将忽略任何阻尼；
- [7]表示如果使用 QR 阻尼模态提取方法[MODOPT,QRDAMP]，则 DMPART 和 MDAMP 阻尼不能使用。

3.7.1　动力学分析中的不同阻尼

1. Alpha 阻尼与 Beta 阻尼(瑞雷阻尼)

1) 瑞雷阻尼介绍

Alpha 阻尼和 Beta 阻尼用于定义瑞雷（Rayleigh）阻尼常数 α（质量阻尼系数）和 β（刚度阻尼系数）。阻尼矩阵 $[C]$ 是用质量阻尼系数乘以质量矩阵 $[M]$ 加上刚度阻尼系数乘以刚度矩阵 $[K]$ 后计算出来的，如下：

$$[C] = \alpha[M] + \beta[K] \tag{3-32}$$

ANSYS 中可通过 ALPHAD 和 BETAD 命令定义瑞雷（Rayleigh）阻尼常数 α 和 β。这两个阻尼系数可通过振型阻尼比计算得到，如下：

$$\begin{cases} \alpha = \dfrac{2\omega_i\omega_j(\xi_i\omega_j - \xi_j\omega_i)}{\omega_j^2 - \omega_i^2} \\ \beta = \dfrac{2(\xi_j\omega_j - \xi_i\omega_i)}{\omega_j^2 - \omega_i^2} \end{cases} \tag{3-33}$$

式中，ω_i 和 ω_j 分别为结构的第 i 阶和第 j 阶固有频率；ξ_i 和 ξ_j 为相应于第 i 和第 j 阶振型的阻尼比，通常由试验确定。一般可取 $i=1$，$j=2$，相应的阻尼比在 2%～20% 范围内变化。

实际的 ANSYS 仿真分析中，α 和 β 的值不是直接得到的，而是用振型阻尼比 ξ_i 计算出来的，振型阻尼比 ξ_i 是第 i 阶振型的实际阻尼和临界阻尼之比。如果 ω_i 是第 i 阶模态的固有角频率，则 α 和 β 满足如下的关系：

$$\xi_i = \frac{\alpha}{2\omega_i} + \frac{\beta\omega_i}{2} \tag{3-34}$$

在许多实际问题中，Alpha 阻尼（质量阻尼）可以忽略（即 $\alpha=0$）。这种情形下，可以由已知的振型阻尼比 ξ_i 和固有角频率 ω_i 计算出结构刚度阻尼系数 β：

$$\beta = \frac{2\xi_i}{\omega_i} \tag{3-35}$$

同时，由于在一个载荷步中只能输入一个 β 值，因此应该选取该载荷步中最主要的被激活频率来计算 β 值。

2）瑞雷阻尼 α 和 β 系数的确定

通常假定由 α 和 β 组成的瑞雷阻尼比 ξ_n 在某个频率范围内近似为恒定值（如图 3.12 所示）。工程中一般取结构各振型阻尼比均相同，这样在给定阻尼比 ξ 和频率范围 $\omega_i \sim \omega_j$ 后，解两个并列方程组便可得到 α 和 β 阻尼的值。根据图 3.12 可知，在频段 $[\omega_i, \omega_j]$ 内，结构瑞雷阻尼比小于给定的阻尼比，这样在该频段内由于计算的阻尼略小于实际阻尼，因此结构响应会略大于实际的响应，这样的计算结果对实际的工程设计而言是安全的。在频段 $[\omega_i, \omega_j]$ 外，瑞雷阻尼比值迅速增大，这样的计算结果值将远远小于实际值，以此作为评判依据的话会导致结构设计严重的不安全，应特别注意。

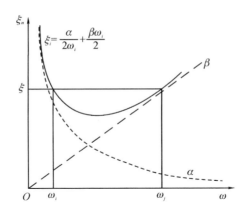

图 3.12　瑞雷阻尼

根据以上所述内容，瑞雷阻尼 α 和 β 值的确定应遵循以下两点原则：一是所选择的两个用于确定 α 和 β 阻尼的频率点 ω_i 和 ω_j 要覆盖结构分析中感兴趣的频段；二是感兴趣频段要根据作用于结构上的外载荷的频率成分和结构的动力特性综合考虑。随意找两个子振频率及相应的阻尼比来确定 α 和 β 阻尼值的方法是不对的，有时还可能导致严重误判，应特别注意。

3）瑞雷阻尼设置影响

Alpha 阻尼在模型中引入任意大质量时会导致不理想的结果。如在结构的基础上添加一个任意大质量以方便施加加速度谱（用大质量可将加速度谱转化为力谱），Alpha 阻尼系数在乘以质量矩阵后会在这样的系统中产生非常大的阻尼力，这将导致谱输入的不精确，同时也将导致系统的响应不精确。

Beta 阻尼和材料阻尼在非线性分析中会导致不理想的结果，此两种阻尼和刚度矩阵相乘，而刚度矩阵在非线性分析中是不断变化的，由此所引起的阻尼变化有时会和物理结构的实际阻尼变化相反。例如，存在由塑性响应引起的软化物理结构通常相应地会呈现出阻尼的增加，而存在 Beta 阻尼的 ANSYS 模型在出现塑性软化响应时则会呈现出阻尼的降低。

2. 材料相关阻尼

和材料相关的阻尼允许将 Beta 阻尼作为材料性质来指定，但要注意在谱分析中 MP，DAMP 命令指定的是和材料相关的阻尼比 ξ，而不是刚度阻尼 β。同样要注意对于多材料单元如 SOLID46、SOLID65、SHELL91 和 SHELL99，只能对单元整体指定一个值，而不能对单元中的每一种材料都指定。常见材料的材料阻尼系数如表 3.15 所示。

表 3.15　常见材料的材料阻尼系数

纯铝	钢	铝	铸铁
0.0002～0.002	0.01～0.008	0.008～0.014	0.003～0.03
混凝土	天然橡胶	玻璃	—
0.01～0.06	0.1～0.3	0.0006～0.002	—

材料阻尼通常是在材料参数里面定义的，相应的命令如下：

　　MP，DAMP，MAT，VALUE　　　　　　! 定义材料阻尼

3. 恒定阻尼比

恒定阻尼比是在结构中指定阻尼的最简单的方法，它表示实际阻尼和临界阻尼之比，ANSYS 中通过 DMPRAT，VALUE 命令指定恒定阻尼比。DMPRAT 定义的恒定阻尼比只适用于谱分析、谐响应分析和模态叠加法瞬态动力学分析。

　　DMPRAT，VALUE　　　　　　　　! 定义恒定阻尼比

4. 振型阻尼

振型阻尼可用于对不同的振动模态指定不同的阻尼比。它用 MDAMP 命令指定且只能用于谱分析、模态叠加法瞬态动力学分析和谐响应分析。

　　MDAMP，STLOC，V1，V2，V3，V4，V5，V6　　! 定义振型阻尼

5. 单元阻尼

单元阻尼在用到有黏性阻尼特征的单元类型时会涉及，如单元 COMBIN7、COMBIN14、COMBIN37、COMBIN40 等，通常作为单元特性进行定义。

3.7.2　阻尼对结构响应的影响

ANSYS 分析中，常用的阻尼对结构响应的影响总结如表 3.16 所示。

表 3.16　ANSYS 中输入的各种阻尼

阻尼类型	ANSYS 命令	作　用	注意事项
ALPHAD 阻尼 (Rayleigh 阻尼)	ALPHAD	α 阻尼(质量阻尼)，其与周期呈线性关系，和结构运动相关，可极大限度地衰减掉长周期分量	α 阻尼与质量有关，主要影响低阶振型，只有当黏度阻尼是主要因素时才定义此值
BETAD 阻尼 (Rayleigh 阻尼)	BETAD	β 阻尼(刚度阻尼)，其与频率线性关系，和结构变形相关，可极大衰减掉高频分量	β 阻尼与结构刚度有关，主要影响高阶振型
恒定阻尼比	DMPRAT	表示实际阻尼与临界阻尼之比	只适用于谱分析、谐响应分析和模态叠加法的瞬态动力学分析
振型阻尼	MDAMP	振型阻尼对不同振型模态指定不同的阻尼比	振型阻尼是在模态坐标下对各阶模态定义各自的模态阻尼比，只对谱分析、模态叠加法瞬态动力学分析和谐响应分析有效
材料阻尼	MP,DAMP	材料阻尼又称滞回阻尼，与结构响应频率无关	通用性好，可转换成其他阻尼。FULL 方法的瞬态动力学分析中可把黏性阻尼比换算为材料阻尼，用 MP,DAMP 输入

3.7.3　阻尼定义示例

1) 用 MP,DAMP 命令来输入黏滞阻尼

```
DAMPRATO＝0.025              ! 已知黏滞阻尼的阻尼比
CRITFREQ＝2.6               ! 此为黏性阻尼等效为材料阻尼时的换算频率
MP_BETAD＝DAMPRATO/(ACOS(-1)＊CRITFREQ)   ! 黏滞阻尼与频率有关
/PREP7
MP,DAMP,1,MP_BETAD           ! 定义黏滞阻尼，与频率有关
/SOLU
ANTYPE,MODAL
MODOPT,LANB,1
MXPAND,1,,,YES
SOLVE,
```

2）用 MP,Damp 输入材料阻尼

```
DAMPRATO＝0.025
/PREP7
MP,DAMP,1,DAMPRATO
/SOLU
ANTYPE,MODAL              ! 使用模态叠加法
MODOPT,LANB,1
MXPAND,1,,,YES
SOLVE
```

3）用 BETAD 输入黏滞阻尼（振型叠加法）

```
DAMPRATO＝0.025                ! 阻尼比
LOSSMODM＝2 * DAMPRATO         ! 等效的材料阻尼系数
/PREP7
BETAD,DAMPRATO/(acos(−1) * 442)! 442 为转换频率
/SOLU
ANTYPE,MODAL                   ! 模态分析
MODOPT,LANB,1
MXPAND,1,,,YES
LUMPM,ON
SOLVE

/SOLU
ANTYPE,HARMIC                 ! 谐响应分析采用模态叠加法
HROPT, MSUP
HROUT, ON, OFF
HARFRQ, FREQBEGN, FREQENDG
SOLVE
```

4）使用 DMPRAT 定义的整体结构的常数阻尼比（模态叠加法）

```
DAMPRATO＝0.025                ! 全结构阻尼比是 0.025
LOSSMODM＝2 * DAMPRATO
/PREP7
/SOLU
ANTYPE,MODAL                 ! 进行无阻尼振型分解
...
SOLVE

/SOLU
```

```
ANTYPE,HARMIC
HROPT,MSUP
HROUT,ON,OFF
HARFRQ,FREQBEGN,FREQENDG
NSUBST,NUM_STEP
KBC,1
DMPRAT,DAMPRATO                 ! 定义恒定阻尼比
...
SOLVE
```

5）用 MP,DAMP 定义黏性阻尼（FULL 方法的瞬态分析）

```
DAMPRATO=0.025
LOSSMODM=2*DAMPRATO
CRITFREQ=480
MP_BETAD=DAMPRATO/(acos(-1)*CRITFREQ)
/PREP7
MP,DAMP,1,MP_BETAD
```

6）用 DMPRAT 定义全结构常数阻尼比（FULL 方法的谐响应分析）

```
DAMPRATO=0.025
LOSSMODM=2*DAMPRATO
CRITFREQ=480
MP_BETAD=DAMPRATO/(ACOS(-1)*CRITFREQ)
/PREP7
ET,1,1
! MP,DAMP,1,MP_BETAD            ! 如果用材料阻尼形式输入,就这样输入
DMPRAT,DAMPRATO                 ! 常数阻尼比
...
/SOLU
ANTYPE,MODAL                    ! 带阻尼的振型分解
MODOPT,LANB,3
MXPAND,3,,,YES
LUMPM,ON
...
SOLVE

/SOLU
ANTYPE,HARMIC
HROPT,FULL                      ! FULL 方法的谐响应分析
```

第 4 章　结果后处理技术

结果后处理用于查看分析结果及结果的各种处理，从而根据仿真分析结果指导实际的结构设计。ANSYS 结果后处理包含两个处理器，即 POST1 通用后处理器和 POST26 时间历程后处理器，POST1 通用后处理器通常查看整个模型在某一载荷步和子步（或对某一特定时间点或频率）的结果，POST26 时间历程后处理器中可以查看模型某一节点的某一结果相对于时间、频率或其他结果的变化。

4.1　POST1 通用后处理器中云图、动画的显示和保存

ANSYS 提供了多种云图显示方式，在实际应用中结果云图的显示通常通过 PLNSOL 命令实现，其使用方式如下：

$\qquad$**PLNSOL，ITEM，COMP，KUND，FACT**$\qquad$! 查看分析结果云图

- ITEM：显示云图结果的类型标签，如表 4.1 所示。

表 4.1　ITEM 类型标签、分量及描述

ITEM	COMP	DISCRIPTION
U	X,Y,Z,SUM	位移
ROT	X,Y,Z,SUM	转角
S	X,Y,Z,XY,YZ,XZ	应力分量
	1,2,3	主应力
	INT,EQV	应力 INTENSITY，等效应力
EPEO	X,Y,Z,XY,YZ,XZ	总位移分量
	1,2,3	主应变
	INT,EQV	应变 INTENSITY，等效应变
EPEL	X,Y,Z,XY,YZ,XZ	弹性应变分量
	1,2,3	弹性主应变
	INT,EQV	弹性 INTENSITY，弹性等效应变
EPPL	X,Y,Z,XY,YZ,XZ	塑性应变分量

- COMP：ITEM 的分量。
- KUND：图形显示形式。0 表示只显示变形后的结构；1 表示同时显示变形和未变形的结构；2 表示同时显示变形轮廓和未变形的结构边缘。
- FACT：定义云图显示比例系数，默认为 1。

云图的保存通常可采用以下三种方式：

（1）通过/UI 命令保存云图或屏幕图片，保存路径在工作目录下，且图片文件名为 Jobname000.ext。该命令保存图片时使用形式如下：

/UI,COPY,SAVE,JPEG　　！抓取当前屏幕并保存图片(JPEG 格式)于工作目录下

/UI,COPY,SAVE,BMP　　！抓取当前屏幕并保存图片(BMP 格式)于工作目录下

（2）通过/IMAGE 命令将图片自定义命名并保存到指定目录下，此方法较常用也更为方便，具体使用形式如下：

/IMAGE，Label，Fname，Ext，—　　　　！保存图片

示例：

PLNSOL，U，X，0，1.0

/IMAGE,SAVE,′H：\OUTPUT\SJZD\XJ_ZJWYC_X_CXP′,JPG

（3）批处理方式下图形的输出。实际使用中的应用形式如下：

/GRAPHICS,POWER

/SHOW,JPEG,,

PLNSOL，EPTO，EQV，0，1.0

　　！定义输出图片内容(或 PLNSOL，U，SUM，0，1.0 等)

/SHOW,CLOSE

/RENAME，Jobname000，JPG，，D：\ picture1，，

　　！将输出图形重命名并保存到指定目录

/DELETE，Jobname000，JPG，，

　　！删除缓存的 Jobname000.JPG 文件，否则下次使用此命令缓存图片就为 Jobname001.JPG，以此类推

使用技巧：一是通过 PLNSOL、PLESOL 等命令定义要保存的图片内容；二是通过/RENAME命令可将输出的图片重命名并保存到指定目录下；三是要注意命令中的 Jobname 为实际的工作文件名，使用时应注意修改，否则会出错。

ANSYS 中动画的显示和保存一般需用到的命令如下：

SET，Lstep，Sbstep　　　　　　　　！定义要查看的模态阶数

PLDISP，KUND　　　　　　　　　！定义结构显示形式

ANMODE，NFRAM，DELAY，NCYCL，KACCEL　！定义动画显示设置

/ANFILE，LAB，Fname，Ext，—　　　　　　！动画保存

示例：显示第一阶模态分析动画并保存于指定目录下。

```
SET,1,1
PLDI,1 ,
ANMODE,10,0.5, ,0
/ANFILE,SAVE,'H:\OUTPUT\SJZD\Modal_Animate_1','avi',' '
```

4.2　POST1 通用后处理器中位移、应力等数据的提取

对于天线仿真分析而言，常常需要提取天线阵面变形数据，用于后续的电性能耦合计算，并提取其最大应力及位移数据以判断结构强度及最大位移是否满足设计要求。ANSYS 程序中可通过取值函数（如表 4.2 所示）或 *GET 命令完成相关数据的提取。

表 4.2　ANSYS 常用的取值函数

取值函数命令	描　述
NX(n), NY(n) ,NZ(n)	获取节点坐标
NDNEXT(n)	获取下一个节点的编号
ELNEXT(n)	获取下一个单元的编号
UX(n), UY(n), UZ(n)	获取节点位移
ROTX(n), ROTY(n), ROTZ(n)	获取节点转角
TEMP(n)	获取节点温度
PRES(n)	获取节点处的压力

*GET 命令介绍如下：

　　*GET,Par，Entity,ENTNUM,Item1,IT1NUM,Item2,IT2NUM
　　　　！获取数据存于指定变量

• Par：定义的变量名称，用于存储提取的数据。

• Entity：信息提取的对象，可为 NODE、ELEM、KP、LINE、AREA、VOLU 等。

• ENTNUM：当前对象的数字标识，比如节点的节点号、单元的单元号等。

• Item1：提取的信息。

• IT1NUM：和 Item1 配合使用。

＊GET 命令的使用总结如下：

1）获取面的相关信息

　　＊**GET，Par，AREA，0，Item1，IT1NUM，Item2，IT2NUM**

① 获取最大的面号：

　　＊GET，Par，AREA，0，NUM，MAX

② 获取最小的面号：

　　＊GET，Par，AREA，0，NUM，MIN

③ 获取当前面的总数：

　　＊GET，Par，AREA，0，COUNT

④ 获取当前面的中心坐标：

　　＊GET，Par，AREA，0，CENT,X　　　　　! 获取当前面的中心坐标 X

　　＊GET，Par，AREA，0，CENT,Y　　　　　! 获取当前面的中心坐标 Y

　　＊GET，Par，AREA，0，CENT,Z　　　　　! 获取当前面的中心坐标 Z

2）获取单元的相关信息

　　＊**GET，Par，ELEM，N，Item1，IT1NUM，Item2，IT2NUM**

① 获取单元 N 的中心坐标：

　　＊GET，Par，ELEM，N,CENT,X　　　　　! 获取单元 N 的中心坐标 X

　　＊GET，Par，ELEM，N,CENT,Y　　　　　! 获取单元 N 的中心坐标 Y

　　＊GET，Par，ELEM，N,CENT,Z　　　　　! 获取单元 N 的中心坐标 Z

② 获取单元 N 的面积：

　　＊GET，Par，ELEM，N，AREA

③ 获取单元 N 的体积：

　　＊GET，Par，ELEM，N，VOLU

④ 获取最大的单元号：

　　＊GET，Par，ELEM，0，NUM，MAX

⑤ 获取最小的单元号：

　　＊GET，Par，ELEM，0，NUM，MIN

⑥ 获取单元总数：

　　＊GET，Par，ELEM，0，COUNT

3）获取关键点相关信息

　　＊**GET，Par，KP，N，Item1，IT1NUM，Item2，IT2NUM**

① 获取关键点 N 的坐标：

　　＊GET，Par，KP，N,LOC,X　　　　　　! 获取关键点 N 的坐标 X

　　＊GET，Par，KP，N,LOC,Y　　　　　　! 获取关键点 N 的坐标 Y

　　＊GET，Par，KP，N,LOC,Z　　　　　　! 获取关键点 N 的坐标 Z

② 获取最大的关键点编号：

　　* GET, Par, KP, 0, NUM, MAX

③ 获取最小的关键点编号：

　　* GET, Par, KP, 0, NUM, MIN

④ 获取关键点总数：

　　* GET, Par, KP, 0, COUNT

4）获取线的相关信息

**　* GET, Par, LINE, N, Item1, IT1NUM, Item2, IT2NUM**

获取线的长度：

**　* GET, Par, LINE, N, LENG**

5）获取节点相关信息

**　* GET, Par, NODE, N, Item1, IT1NUM, Item2, IT2NUM**

① 获取节点 N 坐标：

　　* GET, Par, NODE, N, LOC, X　　　　！获取节点 N 坐标 X

　　* GET, Par, NODE, N, LOC, Y　　　　！获取节点 N 坐标 Y

　　* GET, Par, NODE, N, LOC, Z　　　　！获取节点 N 坐标 Z

② 获取节点转角：

　　* GET, Par, NODE, N, ANG, XY

　　* GET, Par, NODE, N, ANG, YZ

　　* GET, Par, NODE, N, ANG, ZX

③ 获取最大的节点号：

　　* GET, Par, NODE, 0, NUM, MAX

④ 获取最小的节点号：

　　* GET, Par, NODE, 0, NUM, MIN

⑤ 获取节点总数：

　　* GET, Par, NODE, 0, COUNT

⑥ 获取节点位移：

　　* GET, Par, NODE, N, U, SUM　　　　！获取节点 N 的总位移

　　* GET, Par, NODE, N, U, X　　　　！获取节点 N 的 X 向位移分量

　　* GET, Par, NODE, N, U, Y　　　　！获取节点 N 的 Y 向位移分量

　　* GET, Par, NODE, N, U, Z　　　　！获取节点 N 的 Z 向位移分量

⑦ 获取节点应力：

　　* GET, Par, NODE, N, S, X　　　　！获取节点 N 的 X 向应力分量

　　* GET, Par, NODE, N, S, Y　　　　！获取节点 N 的 Y 向应力分量

　　* GET, Par, NODE, N, S, Z　　　　！获取节点 N 的 Z 向应力分量

⑧ 获取节点反力：

```
＊GET, Par, NODE, N,RF, FX          ！获取节点 N 的 X 向节点反力分量
＊GET, Par, NODE, N,RF, FY          ！获取节点 N 的 Y 向节点反力分量
＊GET, Par, NODE, N,RF, FZ          ！获取节点 N 的 Z 向节点反力分量
```

⑨ 获取节点主应力：

```
＊GET, Par, NODE, N, S, 1(或 2 或 3)   ！获取节点 N 的主应力
```

⑩ 获取节点等效应力：

```
＊GET, Par, NODE, N, S, INT(或 EQV)
```

⑪ 获取节点应变分量：

```
＊GET, Par, NODE, N, EPTO, X(Y 或 Z 或 XY 或 YZ 或 XZ)
```

⑫ 获取节点主应变：

```
＊GET, Par, NODE, N, EPTO,1(或 2 或 3)
```

⑬ 获取节点等效应变：

```
＊GET, Par, NODE,N, EPTO,INT(或 EQV)
```

6) 获取当前激活的相关信息

① 获取载荷步、载荷子步、时间、频率等信息：

```
＊GET,Par, ACTIVE, 0,SET,LSTP    ！获取当前载荷步
＊GET,Par, ACTIVE, 0,SET,SBST    ！获取当前载荷子步
＊GET,Par, ACTIVE, 0,SET,TIME    ！获取载荷时间
＊GET,Par, ACTIVE, 0,SET,FREQ    ！获取当前频率
＊GET,Par, ACTIVE, 0,SET,NSET    ！获取载荷步的总数
```

② 获取结果坐标系：

```
＊GET, Par, ACTIVE, 0, RSYS
```

③ 获取当前激活的坐标系：

```
＊GET, Par, ACTIVE, 0, CSYS
```

7) 最大应力节点编号与数据提取

仿真分析中最大应力的提取通常用于判定结构的强度是否满足要求。相应的提取命令流如下：

```
ALLSEL
NSORT,S,EQV,0,0,ALL                    ！对应力值进行排序
＊GET,MAX_SEQV_NUM,SORT,0,IMAX          ！获取最大应力点的节点编号
＊GET,MAXSEQV,NODE,MAX_SEQV_NUM,S,EQV   ！获取最大应力
```

8) 最大应变节点编号与数据提取

相应的命令流如下：

```
ALLSEL
NSORT,EPTO,EQV,0,0,ALL                  ！对应变值进行排序
＊GET,MAX_EPTOEQV_NUM,SORT,0,IMAX        ！获取最大应变节点编号
```

```
* GET,MAXEPTOEQV,NODE,MAX_EPTOEQV_NUM,S,EQV
                                    ! 获取最大应变值
```

9）最大位移节点编号与数据提取

仿真分析中最大位移的提取通常用于判定结构的最大位移变形是否低于结构所允许的变形位移。相应的提取命令流如下：

```
ALLSEL
NSORT,U,SUM,0,0,ALL                 ! 对位移值进行排序
* GET,MAX_U_NUM,SORT,0,IMAX         ! 获取最大位移节点编号
* GET,MAXU,NODE,MAX_U_NUM,U,SUM     ! 获取最大位移值
```

4.3　POST1 通用后处理器中结果数据的提取和保存

4.3.1　模态分析位移模态结果数据的提取

模态分析各阶位移模态的提取命令流如下：

```
FINISH
/POST1
ALLSEL
MODENUM=10                          ! 定义提取模态阶数
CMSEL,S,NODE_PREDICT                ! 选择提取位移模态的节点
RSYS,0

* DO,I,1,MODENUM,1
SET,,,,,,,I                         ! 设定提取模态阶数
* GET,NSUM,NODE,0,COUNT             ! 统计节点个数总数
* GET,NODEI,NODE,0,NUM,MIN          ! 获取最小节点号
* DIM,DISMODE%I%,ARRAY,NSUM,1       ! 定义数组
* DO,J,1,NSUM,1
   * GET,DISMODE%I%(J),NODE,NODEI,U,X
                         ! 获取节点 X 向模态位移
   CMSEL,S,NODE_PREDICT
   NODEI = NDNEXT(NODEI)
* ENDDO
* CFOPEN,NODE_PREDICT_WY__MODE_X%I%,TXT
* VWRITE,DISMODE%I%(1)
(F16.12)              ! 设定数据输出格式，为 Fw.d 形式
```

```
* CFCLOSE
* ENDDO
```

上述命令流最终将所提取的 X 向位移模态数据保存于工作目录文件夹下的 NODE_PREDICT_WY__MODE_XI. TXT 文件(此处 I 值为 1 到 10 之间的整数)中。同理可提取 Y 向和 Z 向位移模态。此外，也可将三个方向的位移模态数据及对应的节点编号、坐标等数据集中到一个文件中，相应的命令流如下：

```
FINISH
/POST1
ALLSEL
MODENUM＝10                                   ! 定义提取模态阶数
CMSEL,S,NODE_PREDICT                          ! 选择提取位移模态的节点
RSYS,0

* DO,I,1,MODENUM,1
SET,,,,,,,I                                   ! 设定提取模态阶数
* GET,NSUM,NODE,0,COUNT                       ! 统计节点个数总数
* GET,NODEI,NODE,0,NUM,MIN                    ! 获取最小节点号
* DIM,DISMODE%I%,ARRAY,NSUM,7                 ! 定义数组
* DO,J,1,NSUM,1
    DISMODE%I%(J,1)＝ NODEI                   ! 将节点编号存于第一列
    DISMODE%I%(J,2)＝ NX(NODEI)               ! 将节点 X 坐标存于第二列
    DISMODE%I%(J,3)＝ NY(NODEI)               ! 将节点 Y 坐标存于第三列
    DISMODE%I%(J,4)＝ NZ(NODEI)               ! 将节点 Z 坐标存于第四列
    * GET,DISMODE%I%(J,5),NODE,NODEI,U,X
            ! 节点 X 向模态位移存于第五列
    * GET,DISMODE%I%(J,6),NODE,NODEI,U,Y
            ! 节点 Y 向模态位移存于第六列
    * GET,DISMODE%I%(J,7),NODE,NODEI,U,Z
            ! 节点 Z 向模态位移存于第七列
    CMSEL,S,NODE_PREDICT
    NODEI ＝ NDNEXT(NODEI)
* ENDDO
* CFOPEN,NODE_PREDICT_WY__MODE_X%I%,TXT
* VWRITE,DISMODE%I%(1,1), DISMODE%I%(1,2),
    DISMODE%I%(1,3), DISMODE%I%(1,4), DISMODE%I%(1,5),
    DISMODE%I%(1,6), DISMODE%I%(1,7)
(F10.0, 3F15.4, 3F16.12)        ! 设定数据输出格式
```

```
* CFCLOSE
* ENDDO
```

4.3.2　位移、应力结果数据的提取和保存

1）最大位移、应力结果数据的提取和保存

相应命令流如下：

```
FINI
/POST1                          ! 设定读取载荷步
SET,LSTEP,SBSTEP,FACT,KIMG,TIME,ANGLE,NSET, ORDER
ALLSEL
NSORT,S,EQV,0,0,ALL
* GET,MAX_EQV_BH,SORT,0,IMAX
    ! 获取最大应力节点编号保存于变量 MAX_EQV_BH 中
ALLSEL
NSORT,U,SUM,0,0,ALL
* GET,MAX_U_BH,SORT,0,IMAX
    ! 获取最大位移节点编号保存于变量 MAX_U_BH 中
ALLSEL
NSORT,S,EQV,0,0,ALL
* GET,MAX_EQV,SORT,0,MAX
    ! 获取最大应力值保存于变量 MAX_EQV 中
ALLSEL
NSORT,U,SUM,0,0,ALL
* GET,MAX_U,SORT,0,MAX
    ! 获取最大位移值保存于变量 MAX_U 中
* DIM,DTAB,ARRAY,3,1
    ! 定义数组，第一个数字代表行数，第二个数字代表列数
* VFILL,DTAB(1,1),DATA,MAX_U * 1000          ! 位移单位转换为 mm
* VFILL,DTAB(2,1),DATA,MAX_EQV/1000000       ! 应力单位转换为 MPa
* VFILL,DTAB(3,1),DATA,421000000/MAX_EQV     ! 计算安全系数
* CFOPEN,..\ GUN_VIBRATION\PAOZHEN_MAX,TXT
* VWRITE,DTAB(1,1),DTAB(2,1),DTAB(3,1)
(F8.3/,F8.2/,F8.2)
* CFCLOSE
```

此命令流生成的文件为 PAOZHEN_MAX,TXT，文件内容为三行一列的

数据，分别为所读载荷步的仿真分析结果的最大位移值、最大应力值和对应的
安全系数。

　2）仿真分析位移结果数据的提取和保存

　　对于雷达天线结构的仿真而言，通常通过在天线阵面建立硬点以方便后处
理阵面位移变形数据的提取。相应的命令流如下：

```
FINISH
/POST1
SET,LSTEP,SBSTEP,FACT,KIMG,TIME,ANGLE,NSET, ORDER
                          ! 设定读取载荷步
CMSEL,S,POST              ! 选择之前所建用于结果提取的硬点
CSYS,11
RSYS,11
* GET,NNUM,KP,0,COUNT      ! 统计创建硬点的个数，提取关键点总数
* DIM,UXYZ,ARRAY,NNUM,3     ! 创建名为 UXYZ 的数组，NNUM * 3
* DIM,NARRAY1,ARRAY,NNUM    ! 数组 NARRAY1 存放节点号

* GET,NODEI,KP,0,NUM,MIN    ! 提取最小关键点号
* DO,I,1,NNUM,1
    NARRAY1(I)＝ NODEI
    KSEL,S,,,NODEI
    NSLK,S
    * GET,NODEY,NODE,0,NUM,MIN    ! 得到模型最小节点编号
    UXYZ(I,1)＝ UX(NODEY)        ! 此处为取值函数
    UXYZ(I,2)＝ UY(NODEY)
    UXYZ(I,3)＝ UZ(NODEY)
    CMSEL,S,POST
    NODEI＝ KPNEXT(NODEI)
* ENDDO

* CFOPEN,.. \E_ANALYSIS\DEFORMATIONDATA \DISP_GUNVIBR,TXT
* VWRITE,NARRAY1(1) ,UXYZ(1,1,1),UXYZ(1,2,1),UXYZ(1,3,1)
(F10.0,TL1,'  ',F16.12,'  ',F16.12,'  ',F16.12)
* CFCLOSE
```

　3）仿真分析应力结果数据的提取和保存

　　对于雷达天线结构的仿真而言，同样也可根据所建硬点进行阵面应力数据
的提取。相应的命令流如下：

```
FINISH
/POST1
SET,LSTEP,SBSTEP,FACT,KIMG,TIME,ANGLE,NSET, ORDER
                                    ! 设定读取载荷步
CMSEL,S,POST
CSWPLA,16,0,1,1,                    ! 创建结果坐标
RSYS,16
*GET,NNUM,KP,0,COUNT               ! 统计创建硬点的个数,提取关键点总数
*DIM,S_XYZ,ARRAY,NNUM,4            ! 创建名为 UXYZ 的数组,NNUMX3
*DIM,NARRAY2,ARRAY,NNUM            ! 数组 NARRAY2 存放节点号
*GET,NODEI,KP,0,NUM,MIN            ! 提取最小关键点号
*DO,I,1,NNUM,1
    NARRAY2(I)= NODEI
    KSEL,S,,,NODEI
    NSLK,S
    *GET,NODEY,NODE,0,NUM,MIN      ! 得到模型最小节点编号
    *GET,S_XYZ(I,1),NODE,NODEY,S,EQV
    *GET,S_XYZ(I,2),NODE,NODEY,S,X
    *GET,S_XYZ(I,3),NODE,NODEY,S,Y
    *GET,S_XYZ(I,4),NODE,NODEY,S,Z
    CMSEL,S,POST
    NODEI = KPNEXT(NODEI)          ! 读出下一个节点编号
*ENDDO
*CFOPEN,..\OUTPUT\SJZD\XJ_ZMYLD,TXT
*VWRITE,NARRAY2(1),S_XYZ(1,1,1),S_XYZ(1,2,1),S_XYZ (1,3,1),
S_XYZ(1,4,1)
(F10.0,TL1,' ',F16.0,' ',F16.0,' ',F16.0,' ',F16.0)
*CFCLOSE
```

4.4　POST1 通用后处理器中输出高质量图片

在用户的实际应用中，往往需要输出高质量的仿真分析云图，通常为等值线图，而且为了打印后的效果好看，采用黑白色的等值线图。具体操作步骤如下：

（1）通过/POST1 通用后处理器显示要输出的结果云图。

（2）将云图显示形式转换为等值线图的形式。需做如下设置：

GUI：PlotCtrls→Device Options→［/DEVI］中的 VECTOR MODE 选为 ON

APDL：/DEVICE,VECTOR,1

设置完成后，结果云图为彩色等值线图，此时若直接输出，则打印为黑白图像时仍然不清晰。转换为黑白形式的等值线图还需进行如下操作。

（3）将 ANSYS 屏幕背景变为白色。

GUI：PlotCtrls→Style→Colors→Reverse Video

APDL：/RGB,INDEX,100,100,100, 0

　　　　/RGB,INDEX, 80, 80, 80,13

　　　　/RGB,INDEX, 60, 60, 60,14

　　　　/RGB,INDEX, 0, 0, 0,15

　　　　/REPLOT

（4）对等值线中的等值线符号的疏密进行调整。

GUI：PlotCtrls→Style→Contours→Contours Labeling，在"Key Vector mode contour label"中选中"on every Nth elem"，然后在"N＝"输入框中输入合适的数值，直到疏密合适为止。

APDL：/CLABEL,1,5

（5）将彩色等值线图变为黑白色等值线图。

GUI：PlotCtrls→Style→Colors→Contours Colors，将 Items Numbered 1、Items Numbered 2 等复选框中的颜色均选为黑色，图像即可变为黑白等值线图像。

APDL：/COLOR,CNTR,WHIT,1

（6）输出对应的结果云图。

GUI：PlotCtrls→Capture Image

4.5　POST26 时间历程后处理器中结果信息的处理

POST26 时间历程后处理器用于处理模型中节点的结果与时间或频率的关系，主要应用于动力学分析中。POST26 时间历程后处理器中的操作均基于变量，定义变量及图形绘制的有关命令介绍如下。

1）以节点数据定义变量

　　　　NSOL，NVAR，NODE，Item，Comp，Name　！定义节点数据变量

- NVAR：变量号，应大于 2。
- NODE：拟提取数据的节点编号。
- Item、Comp：二者搭配如表 4.3 所示。
- Name：用于图形显示和列表的项目标识。

表 4.3　NSOL 命令中 Item 和 Comp 的对应关系

Item	Comp	说　明
U	X,Y,Z	节点 X、Y、Z 方向平动位移
ROT	X,Y,Z	节点 X、Y、Z 方向转动角度
V	X,Y,Z	节点 X、Y、Z 方向的速度
A	X,Y,Z	节点 X、Y、Z 方向的加速度

2）以单元数据定义变量

　　　ESOL，NVAR，ELEM，NODE，Item，Comp，Name　　　！定义单元数据变量

- NVAR：变量号，应大于 2。
- ELEM：拟提取数据的单元编号。
- NODE：拟提取位于单元 ELEM 上的节点号，如为空则取出单元上的平均值。
- Item、Comp：二者搭配如表 4.4 所示。
- Name：用于图形显示和列表的项目标识。

表 4.4　ESOL 命令中 Item 和 Comp 的对应关系

Item	Comp	说　明
S	X,Y,Z,XY,YZ,XZ	应力
	1,2,3	主应力
	INT	应力密度
	EQV	等效应力
EPTL	X,Y,Z,XY,YZ,XZ	应变
	1,2,3	主应变
	INT	应变密度
	EQV	等效应变
F	X,Y,Z	力
M	X,Y,Z	力矩

3）以节点反力定义变量

　　　RFORCE，NVAR，NODE，Item，Comp，Name

- NVAR：变量号，应大于 2。
- NODE：拟提取数据的节点编号。
- Item、Comp：对结构分析 Item 可取 F 或 M，Comp 可取 X、Y、Z

方向。

　• Name：用于图形显示和列表的项目标识。

　4）定义 POST26 中允许的变量数

　　　NUMVAR，NV

其中，NV 为允许的变量总数，最大数目不能超过 200 个，缺省为 10 个（显式动力分析缺省为 30 个）。

　　此命令应该在进入 POST26 时间历程后处理器之后马上执行，一旦有变量被存储，此数值就不可再改变。

　5）变量图形绘制相关的命令

　（1）定义图形显示的 X 轴内容。

　　　XVAR，N

　当 N 为 0 或 1（缺省）时，用时间或频率作为 X 轴变量；为 n 时则采用既有变量作为 X 轴；为 −1 时将时间变量与所显示的变量交换，即时间变量为 Y 轴，显示的变量为 X 轴。

　（2）定义显示的时间范围。

　　　PLTIME，TMIN，TMAX

其中，TMIN 和 TMAX 分别为最小和最大时间，缺省时分别为第 1 个时间点和最后一个时间点。

　　该命令为将要显示的变量数据设定时间范围。

　（3）变量的图形显示。

　　　PLVAR，NVAR1，NVAR2，NVAR3，NVAR4，NVAR5，NVAR6，NVAR7，NVAR8，

　　NVAR9

其中，NVAR1～NVAR9 为变量号或变量名。

　　该命令用于显示变量曲线，曲线的 X 轴坐标采用 XVAR 命令定义。

　（4）X、Y 轴符号注释。

　　　/AXLAB，Axis，Lab

　6）时间历程曲线变量定义及图形绘制命令流示例

```
ALLSEL
FINI
/POST26
ANSOL,5,MAX_EQV_BH,S,EQV,SEQV_5,
ANSOL,6,MAX_EQV_BH,S,X,,
/GRAPHICS,POWER
/SHOW,JPEG,,
STORE,MERGE
```

```
XVAR,1
PLVAR,5,6
/SHOW,CLOSE
/RENAME,SSLD000,JPG, ,..\OUTPUT \GUN_VIBRATION\SRESS_RESPONSE,,
/DELETE,SSLD000,JPG

FINI
/POST26
NSOL,2,MAX_U_BH,U,X
NSOL,3,MAX_U_BH,U,Y
NSOL,4,MAX_U_BH,U,Z
/GRAPHICS,POWER
/SHOW,JPEG,,
PLVAR,2,3,4
/SHOW,CLOSE
/RENAME,SSLD000,JPG, ,..\OUTPUT\ GUN_VIBRATION\DISP_RESPONSE,,
/DELETE,SSLD000,JPG
```

第 5 章　批处理技术

ANSYS 批处理技术是区别于传统 GUI 界面执行的有限元分析方式，可实现整个仿真分析的后台式运行，分析速度更快；基于批处理技术，用户还可通过第三方软件或者编写相应的程序自动执行批处理过程，可以很方便地应用于软件二次开发中。

5.1　批处理介绍

通过 ANSYS 批处理进行仿真分析时不用显示模型的相关情况，整个过程在后台运行，从而避免了用于可视化显示的相关资源的占用，整个仿真分析的速度比 GUI 界面分析要快。同时，批处理方式极大方便了用户实际的软件开发，通过调用.dat 批处理文件可直接实现模型的整个分析过程。批处理文件的通常生成方式如下：

1）批处理设置

通过 Mechanical APDL Product Launcher 启动 ANSYS，然后进入如图 5.1 所示的设置界面。

图 5.1　ANSYS 批处理设置

需设置内容如下：

（1）指定 Simulation Environment 为 ANSYS Batch 模式。

（2）在 Working Directory 项设置工作目录。

（3）在 Job Name 项定义工作文件名，默认为 file。

（4）在 Input File 处输入分析文件，此文件包含仿真分析整个过程的命令流。

（5）在 Output File 处定义输出文件的文件名。

2）批处理.dat 文件生成

（1）通过图 5.1 的菜单命令 Tools→Display Command Line 显示批处理方式下生成的执行代码，如图 5.2 所示。

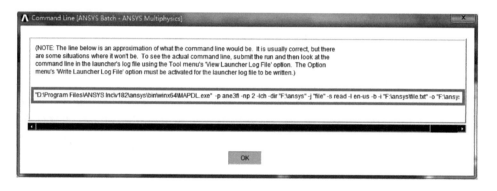

图 5.2　ANSYS 批处理执行代码

（2）将图 5.2 粗线框内的内容复制到文本文件中，然后将文件扩展名改为 dat 形式，即可生成批处理文件，然后直接双击运行，改为.dat 的文件即可进行 ANSYS 的仿真分析。批处理文件里的内容如下：

　　　"D：\ Program Files\ ANSYS Inc\ v182\ ansys\ bin\ winx64\ MAPDL. exe"　-p ane3fl -np 2 -lch -dir "F：\ansys" -j "file" -s read -l en-us -b -i "F：\ansys\file. txt" -o " F：\ansys\file. out"

其中，"D：\ Program Files\ ANSYS Inc\ v182\ ansys\ bin\ winx64\ MAPDL. exe" 为所使用 ANSYS 软件的启动文件目录；-p 表示指定的 License；ane3fl-np 2-lch 表示采用的 License 为 ANSYS Multiphysics，当 License 变动后，可以看到命令行也会相应改变；-dir 表示分析的工作目录，此处设置的工作目录为"F：\ansys"；-j 表示工作文件名，此处采用默认工作文件名 file；-s read 表示模式为 read；-l en-us 表示语言环境；-b 表示采用 ANSYS Batch 模式；-i 表示 Input 文件，此处 Input 文件为"F：\ansys\file. txt"，此文件包含仿真分析过程的全部命令流；-o 表示输出文件，此处为"F：\ansys\file. out"。

（3）生成批处理文件时的注意事项。为了避免发生错误，通常生成批处理文件时建议直接复制粘贴。若想应用于其他的分析，修改相应的执行代码即可，通常可修改的部分如图 5.3 所示。

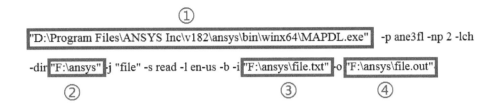

图 5.3　ANSYS 批处理执行代码通用修改项

如图 5.3 所示，对于已有的批处理文件，可将其修改用于其他的分析，整个修改过程大体包含 4 个点：一是 ANSYS 启动文件目录的修改，此目录与用户实际安装有关，应根据实际情况而定，如①处内容；二是仿真分析过程工作目录的设定，此项用户可根据实际使用情况而定，如②处内容；三是仿真分析命令流文件的选择，此文件包含了仿真分析的全部命令流，可通过分级调用不同功能的文本文件实现分析过程逻辑上的清晰，用户也可根据实际使用而定，如③处内容；四是输出文件的设定，此文件记录了整个分析过程及分析过程中的警告等信息，用户也可根据实际情况对输出文件名及所在目录进行设置，如④处内容所示。

3）软件开发中基于批处理技术的 ANSYS 仿真分析过程的集成

实际的软件开发中，可将 ANSYS 仿真分析集成到软件中，通过批处理文件的调用，可方便快捷地实现此操作。常用的方式如下：

（1）通过 Winexec 实现 ANSYS 的调用。相应的代码如下：

```
int main()
{
    string path="C:\\Program Files\\ANSYS Inc\\v150\\ANSYS\\bin\\winx64
    \\ansys50. exe  -p ane3fl -dir C:\\Users\\ Administrator -j file1 -s read -l
    en-us -b -i C:\\Users\\Administrator\\AnsysApdlInput. txt -o C:\\Users\\
    Administrator\\file. out"; WinExec(path. c_str(),WM_SHOWWINDOW);
    return 0;
}
```

（2）通过 ShellExecute 函数实现批处理文件的调用。相应的代码如下：

```
ShellExecute(handle，'open','f:\ analysis. bat', null, null, SW_SHOWNOR-
MAL);
```

5.2　某雷达天线炮振分析批处理应用示例

5.2.1　批处理 dat 文件内容的编写

根据前文所述内容，可得到某雷达天线炮振分析批处理文件内容如下：

"D：\Program Files\ANSYS Inc\v182\ansys\bin\winx64\MAPDL. exe" -p ane3fl -dir "F：\38\SSLD\environment_loading\INPUT\PAOZHEN" -j "ssld" -s read -l en-us -b -i "F：\38\SSLD\ environment_loading\ INPUT\ PAOZHEN\ paozhensolution. txt"　-o "F：\38\SSLD\environment_loading\INPUT\PAOZHEN\paozhen. out"

5.2.2　分析脚本文件的分级调用

对于采用批处理方式的分析而言，整个分析过程的命令流全包含于批处理文件的输入文件内。以此例为例，仿真分析的整个命令流包含于"F：\38\SSLD\environment_loading\INPUT\ PAOZHEN\ paozhensolution. txt"内，而由于 ANSYS 仿真分析包含了建模、求解、后处理等多个部分的内容，同时软件开发中还需调用界面参数，因此将所有的命令流放于一个文本文件中，但文件内容过于繁杂且不利于他人查看，故通过文本文件的分级调用来解决这一问题。对某雷达天线炮振分析的批处理，其 paozhensolution. txt 分析文件中内容如下：

```
/cwd,F：\
/cwd,.\ParametricSSLD0303\
/cwd,.\bpr\
/input,..\environment_loading\INPUT\PAOZHEN\paozhen_analyse,txt
```

整个仿真分析过程的命令流文件包含于 paozhen_analyse. txt 文件中，其内容如下：

```
/CWD,'..\environment_loading\INPUT\PAOZHEN'    ！导入初始模型
FINI
/CLEAR,START
RESUME,'SSLD','db',,0,0
/FILNAME, SSLD                 ！定义工作文件名
/TITLE, SSLD-PAOZHEN
/input,clear_all,txt           ！清除网格等所有求解信息
/input,user_parameter,txt      ！导入用户界面参数
/input,parameter,txt           ！导入界面读取参数
/input,matproperty,txt         ！输入材料属性
```

```
/input,change_zhenmian,txt          ! 参数化更改阵面模型
/input,hardpoint,txt                ! 建立硬点便于后处理结果数据的提取
/input,change_zhuandongtai,txt      ! 参数化修改转动台
/input,change_zhuantai,txt          ! 参数化修改底座模型
/input,mesh,txt                     ! 网格划分
/input,paozhen_solve,txt            ! 求解
/input,daochu_paozhen_disp,txt      ! 结果后处理
/input,daochu_paozhen_max,txt       ! 提取最大应力值位移值和对应的节点号
/input,contour_paozhen_print,txt    ! 云图导出
/input,delete,txt                   ! 删除生成的多余文件
/EXIT,NOSAV                         ! 退出不保存，释放内存
```

以上各子文本文件内容在此不做展示。

5.2.3　批处理文件要点

批处理分析时应注意以下四点：

（1）ANSYS 程序启动文件目录的设置。

（2）ANSYS 工作目录的设定。

（3）分析脚本的导入。

（4）.out 文件的设置，用于查看分析过程中进程以及错误提示。

5.3　某雷达结构路面随机振动分析批处理应用示例

5.3.1　批处理 dat 文件内容编写

根据实际情况，修改得到的批处理文件内容如下：

"D:\Program Files\ANSYS Inc\v182\ansys\bin\winx64\MAPDL.exe" -p ane3fl -dir "F:\
38\SSLD\environment_loading\MODEL" -j "ssld" -s read -l en-us -b -i "F:\38\SSLD\
environment_loading\INPUT\SJZD\LUKUANG1\startsolution1.txt"　-o "F:\SSLD\
environment_loading\INPUT\SJZD\LUKUANG1\file_lukuang1.out"

5.3.2　分析脚本文件的分级调用

对于本应用示例而言，分析文件 startsolution1.txt 的内容如下：

```
/cwd,F:\
/cwd,.\38\
/cwd,.\SSLD\
```

```
/cwd,.\bpr\
/input,..\environment_loading\INPUT\SJZD\LUKUANG1\LuKuang1,txt
```

整个仿真分析过程的命令流文件包含于 LuKuang1.txt 中，其内容如下：

```
/CLEAR,START
/CWD,'..\ environment _ loading \ INPUT \ SJZD \ LUKUANG1 \ YS _ LMZH \
Spectrum-analyse'RESUME,'SSLD','db','..\..\..\..\..\MODEL',0,0
                                                            ! 导入初始模型
/FILNAME, SSLD                                              ! 定义工作文件名
/TITLE，SSLD-LMSJZD-YUNSHU-CXP                              ! 定义分析标题
/input,clear_all,txt                                        ! 清除网格等所有求解信息
/input,user_parameter1,txt                                 ! 导入用户界面参数
/input,parameter,txt                                        ! 导入界面读取参数
/input,matproperty,txt                                      ! 输入材料属性
/input,change_zhenmian,txt                                 ! 参数化更改阵面模型
/input,hardpoint,txt                                        ! 添加硬点方便结果后处理
/input,change_zhuandongtai,txt                             ! 参数化修改转动台
/input,change_zhuantai,txt                                 ! 参数化修改底座模型
/input,mesh,txt                                             ! 网格划分
/input,chuixiangpu_solve,txt                               ! 求解
/input,daochu_chui_disp,txt                                ! 结果后处理
/input,daochu_chui_stress,txt
/input,tiqumax_chui,txt
/input,contour_chui_print,txt                              ! 云图导出
/input,delete-pu,txt                                        ! 删除生成的多余文件
/EXIT,NOSAV!                                                退出不保存，释放内存
```

第 6 章　机电热耦合分析通用处理技术

6.1　ANSYS 常用的取值函数

ANSYS 常用的取值函数有十余种，这里介绍其中 7 种。

1）有关实体项目是否选中的取值函数

    NSEL(N)

    ESEL(E)

    KSEL(K)

    LSEL(L)

    ASEL(A)

    VSEL(V)

以上命令表示某个项目实体的选中状态，若为 -1 则表示未选中，若为 0 则表示没有定义，若为 1 则表示选中。

2）有关取下一个实体项目编号的取值函数

    NDNEXT(N)

    ELNEXT(E)

    KPNEXT(K)

    LSNEXT(L)

    ARNEXT(A)

    VLNEXT(V)

以上命令表示获得下一个编号大于 N、E、K、L、A、V 的实体项目编号。

3）有关实体项目位置的取值函数

    CENTRX(E)

    CENTRY(E)

    CENTRZ(E)

以上命令表示获取单元 E 中心位置的 X、Y、Z 坐标。

    NX(N)

    NY(N)

    NZ(N)

    KX(K)

        KY(K)

        KZ(K)

以上命令表示节点 N 或关键点 K 在当前坐标系中的 X、Y、Z 坐标值。

4）获取靠近某位置的节点或关键点编号的取值函数

        NODE(X,Y,Z)

        KP(X,Y,Z)

5）有关距离的取值函数

        DISTND(N1,N2)　　　　　! 获取两节点之间的距离

        DISTKP(K1,K2)　　　　　! 获取两关键点之间的距离

        DISTEN(E,N)　　　　　　! 获取单元 E 的中心点与节点 N 之间的距离

6）获取角度的取值函数

        ANGLEN(N1,N2,N3)　　! 获取 N1N2 和 N1N3 连线之间的夹角

        ANGLENK(K1,K2,K3)　! 获取 K1K2 和 K1K3 连线之间的夹角

7）有关面积的取值函数

        AREAND(N1,N2,N3)　　! 获取 N1,N2,N3 组成的三角形面积

        AREAKP(K1,K2,K3)　　! 获取 K1,K2,K3 组成的三角形面积

6.2　杆梁板壳单元实常数的设定

根据 ANSYS HELP 文件，对于 ANSYS 不同类型单元实常数的定义所用的命令如下：

        SECTYPE, SECID, Type, Subtype, Name, REFINEKEY　　! 定义单元实常数

        SECDATA,VAL1,VAL2,VAL3,VAL4,VAL5,VAL6,

        VAL7,VAL8,VAL9,VAL10,VAL11,VAL12　　　　　! 定义截面参数

- SECID：单元截面信息标识号。如果 SECID 为空白或为零，则 SECID 号将从数据库中当前定义的最高 ID 号增加 1。

- Type：所要定义的单元类型，可为 BEAM、LINK、SHELL 等。

- Subtype：单元截面类型。

        SECNUM,n　　　　　! 画网格时选择定义的实常数

        /ESHAPE, SCALE　　! 显示单元形状

1. 梁单元截面实常数定义

        SECTYPE,标识号 n,BEAMXXX 单元, Subtype 截面类型

        SECDATA,val1,val2,val3,val4,val5,val6,val7,val8,val9,val10,val11, val12

        ! 定义截面参数

对梁单元，其截面类型可为矩形（RECT）、四边形（QUAD）、圆形（CSOLID）、管道形（CTUBE）、渠道形（CHAN）、工字形（I）、Z 字形（Z）、L 形（L）、T

形(T)等。各种不同截面梁截面参数的定义介绍如下。

1) 矩形(RECT)截面梁

矩形截面梁定义的参数有 B、H、Nb、Nh，如图 6.1 所示。其中，B 为梁截面宽；H 为梁截面高；Nb 为沿宽度方向单元数，默认为 2；Nh 为沿高度方向的单元数，默认为 2。截面参数定义所用命令流如下：

SECTYPE,1,BEAM, RECT

SECDATA，B,H,Nb,Nh

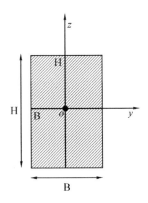

图 6.1　矩形截面梁

2) 任意四边形(QUAD)截面梁

任意四边形截面梁定义的截面参数有 yI、zI、yJ、zJ、yK、zK、yL、zL、Ng、Nh，如图 6.2 所示。其中，yI、zI、yJ、zJ、yK、zK、yL、zL 为不同点的坐标值；Ng 为沿 g 方向的单元数，默认为 2；Nh 为沿 h 方向的单元数，默认为 2。截面参数定义所用命令流如下：

SECTYPE,1,BEAM, QUAD

SECDATA，yI, zI, yJ, zJ, yK, zK, yL, zL, Ng, Nh

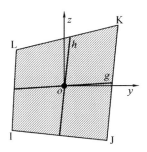

图 6.2　任意四边形截面梁

3）圆形（CSOLID）截面梁

圆形截面梁定义的截面参数有 R、N、T，如图 6.3 所示。其中，R 为圆形截面半径；N 为将圆形截面沿圆周方向的等分数，一般在 8 到 120 之间（值越大求解精度会稍微提高），默认为 8；T 为沿半径方向划分数，默认为 2。截面参数定义所用命令流如下：

SECTYPE,1,BEAM, CSOLID

SECDATA, R, N, T

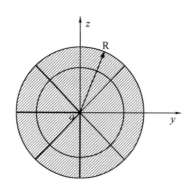

图 6.3　圆形截面梁

4）管道形（CTUBE）截面梁

管道形截面梁定义的参数有 Ri、Ro、N，如图 6.4 所示。其中，Ri 为内径；Ro 为外径；N 为沿圆周方向划分数，一般大于等于 8，默认值为 8。截面参数定义所用命令流如下：

SECTYPE,1,BEAM, CTUBE

SECDATA, Ri, Ro, N

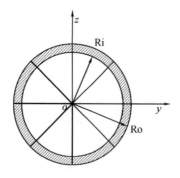

图 6.4　管道形截面梁

5）渠道形（CHAN）截面梁

渠道形截面梁定义的截面参数有 W1、W2、W3、t1、t2、t3，如图 6.5 所示。其中，W1、W2 为法兰长度；W3 为总深度；t1、t2 为法兰厚度；t3 为 Web 厚度。截面参数定义命令流如下：

SECTYPE，1，BEAM，CHAN

SECDATA，W1，W2，W3，t1，t2，t3

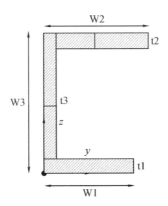

图 6.5　渠道形截面梁

6）工字形（I）截面梁

工字形截面梁定义的截面参数有 W1、W2、W3、t1、t2、t3，各参数含义如图 6.6 所示。定义截面参数的命令流如下：

SECTYPE，1，BEAM，I

SECDATA，W1，W2，W3，t1，t2，t3

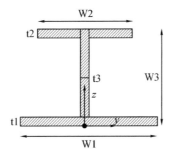

图 6.6　工字形截面梁

7）Z 字形（Z）截面梁

Z 字形截面梁定义的截面参数有 W1、W2、W3、t1、t2、t3，各参数含义如图 6.7 所示。定义截面参数的命令流如下：

SECTYPE，1，BEAM，Z

SECDATA，W1，W2，W3，t1，t2，t3

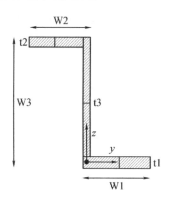

图 6.7　Z 字形截面梁

8）L 形（L）截面梁

L 形截面梁定义的截面参数有 W1、W2、t1、t2，各参数含义如图 6.8 所示。定义截面参数的命令流如下：

SECTYPE，1，BEAM，L

SECDATA，W1，W2，t1，t2

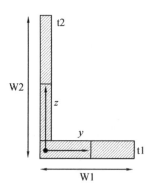

图 6.8　L 形截面梁

9）T 形（T）截面梁

T 形截面梁定义的截面参数有 W1、W2、t1、t2，各参数含义如图 6.9 所示。定义截面参数的命令流如下：

SECTYPE，1，BEAM，T

SECDATA，W1，W2，t1，t2

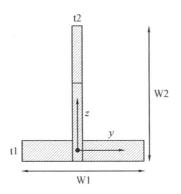

图 6.9　T 形截面梁

10）HATS 截面梁

HATS 梁定义的截面参数有 W1、W2、W3、W4、t1、t2、t3、t4、t5，各参数含义如图 6.10 所示。定义截面参数的命令流如下：

SECTYPE，1，BEAM，HATS

SECDATA，W1，W2，W3，W4，t1，t2，t3，t4，t5

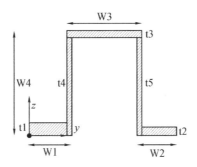

图 6.10　HATS 截面梁

11）HREC 截面梁

HREC 截面梁定义的截面参数有 W1、W2、t1、t2、t3、t4，各参数含义如图 6.11 所示。定义截面参数的命令流如下：

SECTYPE，1，BEAM，HREC

SECDATA，W1，W2，t1，t2，t3，t4

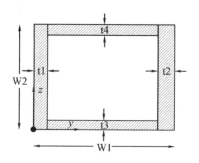

图 6.11　HREC 截面梁

2. 杆单元实常数定义

对于杆单元，通常定义的单元实常数为杆单元截面积。具体定义的命令流如下：

> **SECTYPE,1,LINK**
>
> **SECDATA,AREA**

3. 壳单元实常数定义

对于壳单元，通常定义的单元实常数为壳单元厚度。具体定义的命令流如下：

> **SECTYPE,1,SHELL**
>
> **SECDATA,THICKNESS**

4. 质量点单元实常数定义

对于质量单元，通常用于配重，定义实常数为质量单元质量。定义命令为

> **R,1,MASS**

6.3　表面效应单元生成

对于不方便直接施加载荷的模型可通过生成表面效应单元完成载荷的顺利施加，具体过程应用示例如下：

```
ET,1,SURF153(2D)/SURF154(3D)
...                              ! 划分网格
NSEL,S,LOC,X/Y/Z,VALUE           ! 选中用于生成表面效应单元的节点
TYPE,1
ESURF                            ! 生成表面效应单元
ESEL,S,TYPE,,1
SFE,ALL,3,PRES,,100              ! 施加 LKEY=3 的面载荷(切向)
```

6.4　ANSYS 中阻尼设置

ANSYS 中阻尼的机理非常复杂，ANSYS 在形成结构的阻尼时可考虑四种阻尼之和得到阻尼矩阵。四种阻尼即瑞雷阻尼、材料阻尼、单元阻尼和振型阻尼。所得阻尼表达式如下：

$$[C] = \alpha[M] + (\beta + \beta_c)[K] + \sum_{j=1}^{N_m}(\beta_j^m + \frac{2}{\omega}\beta_j^\xi)[K_j] + \sum_{k=1}^{N_e}[C_k] + [C_\xi]$$

$$(6-1)$$

式中，$[C]$ 为结构的阻尼矩阵；$[M]$ 为结构质量矩阵；$[K]$ 为结构刚度矩阵；$[K_j]$ 为与材料 j 相关的刚度矩阵；$[C_k]$ 为单元刚度阻尼；$[C_\xi]$ 为与频率有关的阻尼矩阵；α 为质量阻尼系数，用 APDL 命令 ALPHAD 输入，也可通过 MP 定义，但谱分析中通过 MP 定义为质量阻尼比；β 为刚度阻尼系数，用 APDL 命令 BETAD 输入，也可通过 MP 定义；β_c 为变刚度阻尼系数，可通过常阻尼比 ξ 和强制频率范围求得，用 APDL 命令 DMPRAT 和 HARFRQ 输入（用命令 DMPRAT 定义的常阻尼比为实际阻尼与临界阻尼之比，是结构分析中指定阻尼最简单的方法，但只能用于谐响应分析、模态叠加法的瞬态动力学分析、谱分析等。结构常阻尼比一般在 2%～7% 之间）；N_m 为材料数，用命令 MP 定义不同材料的阻尼系数；β_j^m 为材料的刚度矩阵阻尼系数，用 APDL 命令 MP 中的 DAMP 项定义；β_j^ξ 为材料的常刚度矩阵阻尼系数（与频率无关），用 APDL 命令 MP 中的 DMPR 项定义；N_e 为有单元阻尼的单元数，某些单元本身具有黏性阻尼特征，如 COMBIN 系列单元，可通过 MP 命令定义；C_ξ 可通过常阻尼比和振型阻尼比计算获得。常阻尼比同上，而振型阻尼比对不同振型有不同的阻尼比，可用于谐响应分析、模态叠加法的瞬态动力学分析、谱分析，通过 MDAMP 命令定义。

α 和 β 可通过下式求得：

$$\begin{cases} \alpha = \dfrac{2\omega_i\omega_j(\xi_i\omega_j - \xi_j\omega_i)}{\omega_j^2 - \omega_i^2} \\ \beta = \dfrac{2(\xi_j\omega_j - \xi_i\omega_i)}{\omega_j^2 - \omega_i^2} \end{cases} \quad (6-2)$$

如通过模态分析获得结构的两阶圆频率，然后再结合振型阻尼比（也可假定采用常阻尼比）计算。

6.5　组合轮式车振动环境设置

根据国家军用标准 GJB 150.16A—2009 文件，可得组合轮式车振动环境的振动谱数据如图 6.12 所示，绘制的谱图如图 6.13 所示。此振动谱为宽带随机振动，振动谱的频率范围为 5～500 Hz。此振动谱通常用于车载雷达路面随机振动分析中。

组合轮式车振动环境					
垂向		横向		纵向	
频率/Hz	g^2/Hz	频率/Hz	g^2/Hz	频率/Hz	g^2/Hz
5	0.2366	5	0.1344	5	0.0593
8	0.6889	7	0.1075	8	0.0499
12	0.0507	8	0.1279	15	0.0255
21	0.0202	14	0.0366	16	0.0344
23	0.0301	16	0.0485	20	0.0134
24	0.0109	17	0.0326	23	0.0108
26	0.0150	19	0.0836	25	0.0148
49	0.0038	23	0.0147	37	0.0040
51	0.0054	116	0.0008	41	0.0059
61	0.0023	145	0.0013	49	0.0016
69	0.0111	164	0.0009	63	0.0011
74	0.0029	201	0.0009	69	0.0040
78	0.0048	270	0.0051	78	0.0008
84	0.0033	298	0.0021	94	0.0020
90	0.0052	364	0.0099	98	0.0013
93	0.0034	375	0.0019	101	0.0025
123	0.0083	394	0.0073	104	0.0014
160	0.0041	418	0.0027	111	0.0024
207	0.0050	500	0.0016	114	0.0014
224	0.0139	1.62g_{rms}		117	0.0020
245	0.0031			121	0.0012
276	0.0129			139	0.0024
287	0.0036			155	0.0021
353	0.0027			161	0.0034
375	0.0049			205	0.0042
500	0.0010			247	0.0303
2.20g_{rms}				257	0.0027
				293	0.0092
				330	0.0116
				353	0.0231
				379	0.0083
				427	0.0220
				500	0.0014
				2.05g_{rms}	

图 6.12　组合轮式车振动环境

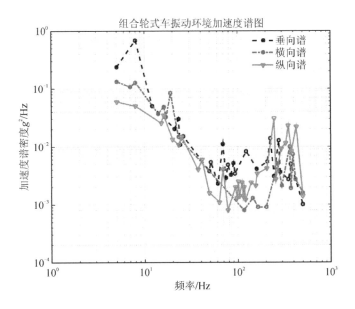

图 6.13　组合轮式车振动环境频率-谱值图

6.6　ANSYS 常用的单位制

ANSYS 常用的单位制如表 6.1 所示。

表 6.1　ANSYS 分析常用单位制及其换算关系

物理量	量纲	m-kg-s 单位制	mm-kg-s 单位制	mm-g-s 单位制	m-t-s 单位制
长度	L	m	mm	mm	m
质量	m	kg	kg	g	t
时间	t	s	s	s	s
面积	L^2	m^2	mm^2	mm^2	m^2
体积	L^3	m^3	mm^3	mm^3	m^3
惯性矩	L^4	m^4	mm^4	mm^4	m^4
速度	$\dfrac{L}{t}$	m/s	mm/s	mm/s	m/s
加速度	$\dfrac{L}{t^2}$	m/s^2	mm/s^2	mm/s^2	m/s^2
密度	$\dfrac{m}{L^3}$	kg/m^3	kg/mm^3	g/mm^3	t/m^3

物理量	量纲	m-kg-s 单位制	mm-kg-s 单位制	mm-g-s 单位制	m-t-s 单位制
力	$m \cdot \dfrac{L}{t^2}$	$N = kg \cdot m/s^2$	$10^{-3} N$ $= kg \cdot mm/s^2$	$10^{-6} N$ $= g \cdot mm/s^2$	$kN = t \cdot m/s^2$
力矩	$m \cdot \dfrac{L^2}{t^2}$	$N \cdot m$ $= kg \cdot m^2/s^2$	$10^{-3} N \cdot mm$ $= kg \cdot mm^2/s^2$	$10^{-6} N \cdot mm$ $= g \cdot mm^2/s^2$	$kN \cdot m =$ $t \cdot m^2/s^2$
弹性模量	$\dfrac{m}{L \cdot t^2}$	$Pa = N/m^2$ $= kg/(m \cdot s^2)$	kPa $= kg/(mm \cdot s^2)$	Pa $= g/(mm \cdot s^2)$	$kPa = t/(m \cdot s^2)$

参 考 文 献

[1] 段宝岩. 电子装备机电耦合研究的现状与发展[J]. 中国科学：信息科学，2015，45(03)：299 - 312.

[2] 王从思. 微波天线多场耦合理论与技术[M]. 北京：科学出版社，2015.

[3] 王从思，王娜，连培园，等. 高频段大型反射面天线热变形补偿技术[M]. 北京：科学出版社，2018.

[4] STUTZMAN W L，THIELE G A. Antenna Theory and Design[M]. 3rd edition. Wiley，2013.

[5] 王从思. 天线机电热多场耦合理论与综合分析方法研究[D]. 西安：西安电子科技大学，2007.

[6] 许峰. 面向机电热耦合的微博组件结构、电磁与热分析软件[D]. 西安：西安电子科技大学，2016.

[7] 康明魁. 有源相控阵天线机电热耦合建模、误差分析与优化设计[D]. 西安：西安电子科技大学，2017.

[8] 连培园. 大型微波反射面天线机电耦合若干问题研究[D]. 西安：西安电子科技大学，2017.

[9] 王勖成. 有限单元法[M]. 北京：清华大学出版社，2003.

[10] 曾攀. 有限元分析及应用[M]. 北京：清华大学出版社，2004.

[11] 监凯维奇，泰勒. 有限元方法第 1 卷：基本原理[M]. 北京：清华大学出版社，2008.

[12] 王新敏. ANSYS 工程结构数值分析 [M]. 北京：人民交通出版社，2007.

[13] 曾攀，雷丽萍，方刚. 基于 ANSYS 平台有限元分析手册：结构的建模与分析[M]. 北京：机械工业出版社，2010.

[14] 龚曙光，谢桂兰. ANSYS 参数化编程与命令手册[M]. 北京：机械工业出版社，2010.

[15] 阚前华，谭长建. ANSYS 高级工程应用实例与二次开发[M]. 北京：电子工业出版社，2006.

[16] 胡仁喜，康士廷. ANSYS 19.0 有限元分析从入门到精通[M]. 北京：

机械工业出版社，2019.

[17]　黄志刚，许玢. ANSYS 19.0 有限元分析完全自学手册[M]. 北京：人民邮电出版社，2019.

[18]　张洪信，管殿柱. 有限元基础理论与 ANSYS 18.0 应用[M]. 北京：机械工业出版社，2018.

[19]　李占营，阚川. ANSYS APDL 参数化有限元分析技术及其应用实例[M]. 北京：中国水利水电出版社，2017.

[20]　胡仁喜，康士廷. ANSYS 15.0 热力学有限元分析从入门到精通[M]. 北京：机械工业出版社，2016.

[21]　高长银，张心月. 刘鑫颖，等. ANSYS 参数化编程命令与实例详解[M]. 北京：机械工业出版社，2015.

[22]　胡仁喜，闫波，康士廷. ANSYS 15.0 多物理耦合场有限元分析从入门到精通[M]. 北京：机械工业出版社，2015.

[23]　尚晓江，邱峰. ANSYS 结构有限元高级分析方法与范例应用[M]. 北京：中国水利水电出版社，2015.

[24]　胡仁喜，张秀辉. ANSYS 14 热力学/电磁学/耦合场分析自学手册[M]. 北京：人民邮电出版社，2013.

[25]　张洪伟，高相胜，张庆余. ANSYS 非线性有限元分析方法及范例应用[M]. 北京：中国水利水电出版社，2013.

[26]　张涛. ANSYS APDL 参数化有限元分析技术及其应用实例[M]. 北京：中国水利水电出版社，2013.

[27]　蒋春松，孙洁，朱一林. ANSYS 有限元分析与工程应用[M]. 北京：电子工业出版社，2012.